茶飯事

다반사 茶飯事

구수－원행
정리－백옥희
사진－조재범

차례

열두 번 차를 마시고 밥을 해 먹다

차를 마시고 밥을 해 먹는 것은 특별한 일이 아니다. 매일 사람들의 일상에서 일어나는 평범한 것들이다. 그럼에도 불구하고 한 달에 한 번, 꼬박 열두 번의 만남을 기록했다. 이유는 간단하다. 특별할 것 없는 일상 속에서 삶의 행복을 찾기 위해서다. 생각을 바꾸면 세상을 보는 안목이 바뀌고, 안목이 바뀌면 삶이 달라진다. 이왕 마시는 차, 이왕 먹는 밥, 이왕에 보는 그림에 나름의 의미를 부여하고 정성을 들이면 우리도 '호사豪奢'를 누릴 수 있다. 가진 사람들만이 누릴 수 있는 호사가 아니라 평범한 우리들도 누릴 수 있는, 돈 안 드는 호사를 말이다.

아무리 차 농사를 많이 짓고, 좋은 차를 만들어 시장에 내놓아도, 차를 마시고 소비하는 사람이 없다면, 차의 대중화는 공허한 메아리에 불과하다. 사람들을 차의 세계로 이끌기 위해서는 부담 없이 가벼운 마음으로 즐길 수 있는 대중적인 차 문화와 또 한편으로는 문화와 예술이 결부된 격조 있는 차 문화가 만들어져야 한다. 부담 없고, 즐겁고, 거기에 문화 예술이 결합된 격조까지 갖추고 있다면, 그 누가 차를 마시지 않겠는가? "연못을 파 놓으면 개구리는 자연히 모여 든다."라는 속담을 되새겨 볼 일이다.

열두 번! 차 마시고 밥해 먹으며 우리가 나누었던 많은 이야기들을 글과 사진으로 기록했다. 차 자리의 분위기를 편안하게 이끌어 주신 관봉 이계진 선생 부부, 바쁜 일상을 뒤로하고 기꺼이 시간을 내어 함께한 한창희 선생 부부, 차의 매력에 흠뻑 빠져든 백옥희 작가와 사진작가 조재범 선생 등 모든 분께 진심으로 감사의 말씀을 전한다. 이 책이 격조 있는 차 문화 정립에 조금이나마 도움이 되기를 희망한다.

2017년 10월

默然齋 主人 圓行

봄, 매화를 만나다

계절은 봄을 향해 가고 있지만 겨울은 미련을 버리지 못했다. 기찻길 옆 오두막(원행 스님 표현) 광제사를 둘러싸고 있는 낮은 산 중턱에는 아직 곳곳에 겨울의 흔적이 남아 있다. 봄을 기다리는 우리의 마음을 시기라도 하듯…… 차를 마시며 세상살이의 깊이를 배우고, 차를 나누며 소중한 사람들과 인연을 맺는 시간, 우리의 첫 차 자리는 그렇게 시작되었다.

봄을 마시다 – 매화차, 대우령 청차

우리는 경내에 들어서면서 먼저 코끝으로 봄을 만났다. 하나, 둘 발걸음을 옮길 때마다 느껴지는 진한 매화 향은 자연 그대로의 매력을 가득 품고 있었다. 원행 스님이 일본에서 매화 씨앗을 가져다 심은 것이라고 한다. 어느 해 초여름 일본 교토의 유명한 찻집을 방문한 스님은 찻집 뒷마당에서 향이 좋은 노란 열매를 떨구고 있는 능수매(가지가 밑으로 늘어지는 매화)를 만났다. 그 향에 반해 열매를 가져다 심은 것이 자라서, 어느덧 봄 향기를 뿜어내고 있었던 것이다. 재미있는 것은 같은 나무 열매를 심었음에도 불구하고 매화는 제각기 다른 빛깔과 모양으로 피어났다. 같은 부모에게서 태어나도 생김새와 성격, 특기가 제각각인 우리들처럼 말이다. 역시 인간의 삶은 자연의 이치를 거스르는 법이 없다.

차를 잘 모르는 사람이 매화차를 마주하면 약간의 당황스러움을 느낄 수 있다. 뜨겁게 끓인 물에 매화꽃을 띄워 마시는 것이 매화차이기 때문이다. 처음에는 '이것도 차라고 할 수 있을까?' 하는 의구심이 들었지만 향기와 맛을 보고 난 후 절로 고개가 끄덕여졌다. 무엇보다 우리의 눈을 사로잡은 것은 잔 속에 피어난 매화였다. 스님이 매화 꽃봉오리를 찻물에 올려놓자, 마치 누군가 시계 바늘을 빠르게 돌리고 있는 것처럼 꽃잎들이 순식간에 만개했다. 그 모습을 보고 감탄하지 않을 사람이 어디 있을까? 가장 순수하게 봄의 향기를 입 안 가득 머금을 수 있는 방법으로 단연 매화차를 추천하고 싶다.

매화차로 한껏 몸과 마음에 봄을 담아내고 난 뒤, 대만의 대우령大禹嶺 청차를 마셨다. 대우령 청차는 해발 2,400m 이상의 고지대에서 재배되는 차로, 차밭이 높을수록 향이 좋고 떫고 쓴맛은 줄어든다고 한다. 찻잎을 건조시킨 일반적인 차의 모습을 하고 있었다. 풋풋한 봄내음을 가장 잘 느낄 수 있는 차라는 원행 스님의 설명을 들으며, 차에 담긴 상큼한 봄 내음과 계절을 음미했다.

봄의 향기를 머금은 차가 있는 것처럼 봄빛을 품은 그림이 있다. 푸르고 붉은 안료顔料로 화려하지만 속俗되지 않게 그린 그림을 청록산수화靑綠山水畵라고 한다. 우리는 건륭乾隆 황제 때 문인文人 화가로 이름을 떨쳤던 다산茶山 전유성錢維城의 청록산수 화첩을 함께 보았다. 세월의 무게가 짙게 배어 있는 그림 속에서 속세를 벗어나 자연과 하나 되고자 했던 옛 사람의 마음을 느낄 수 있었다.

청록산수화, 전유성錢維成_1760

좋은 차와 좋은 물이 만났을 때

차를 마시면서 원행 스님은 자연스럽게 물에 대한 이야기를 꺼냈다. 그도 그럴 것이 우리 몸의 70%를 이루고 있는 것이 물인 것처럼, 차의 몸체를 이루고 있는 것 역시 물이다. 차의 몸은 물이고, 물에 차가 들어가면 그 물은 신령스러운 물이 된다고 한다. 우리의 첫 차 자리에서 사용한 물은 관봉 선생(이계진 前 아나운서 아호)이 자연을 벗 삼아 전원생활을 하고 있는 집 앞 우물에서 길어온 것이다. 그 물이 우리의 첫 차 자리를 기념하기에 충분한 선물이었다는 것은 차를 마시면서 증명되었다. 차는 물에 따라 맛과 향이 달라진다. 물이 좋아야 차 맛이 좋아지고, 물이 나쁘면 차의 맛은 물론 향도 죽는다. 원행 스님은 좋은 물과 좋은 차가 만났을 때, 차를 마신 입안에 단 침이 고인다고 했다.

찻물 이야기를 나누다가 대화는 고려 중기 송나라의 서긍徐兢이라는 인물이 우리 땅을 다녀간 이야기로 이어졌다. 서긍은 사신의 신분으로 고려를 방문했던 송나라 사람으로 고려에서 보고, 듣고, 느낀 모든 것을 그림까지 그려 넣어가며 상세하게 기록한『고려도경高麗圖經』이라는 견문록을 저술했다. 사신으로서 책무를 다하기 위해 일종의 보고서로 만든『고려도경』은 현재 그림은 사라지고 글만 남아 있는데 그 가운데 기록돼 있는 고려의 차 문화는 우리 차 연구에 귀중한 자료가 되고 있

꽃 약과

청화 백자 향함_명나라

다. 비록 다른 나라의 사신이 쓴 견문록이지만 『고려도경』은 고려의 문화와 역사를
살펴볼 수 있는 최고의 자료로 손꼽힌다.

　『고려도경』에서 서긍은 "고려의 차는 떫고 써서 마실 수가 없다."라고 기록하고
있다. 또 어디를 가든 뜨거운 물을 약이라며 자꾸 권해 난감하다고 적어 놓았다. 차
가 일상이었던 서긍의 입장에서는 수시로 뜨거운 맹물을 권하는 것이 여간 곤욕스
러운 일이 아니었을 것이다. 그에 비해 우리나라 사람들은 예로부터 물을 대하는 태
도가 남달랐던 것 같다. 눈으로 봐서는 표시가 안 나는 물이라도 어디서, 어떻게 길
어온 물이냐에 따라 그 쓰임이 달라졌다. 약을 달일 때 쓰는 물이 따로 있었고, 장을
담글 때 쓰는 물이 따로 있었다. 그 기준은 지역에 따라, 풍토에 따라 달랐지만 물을
감별하는데 만큼은 까다로웠다. 당시 송나라 사신인 서긍에게 뜨거운 맹물을 권한
것은 좋은 물은 그 자체만으로도 충분히 귀한 약이 될 수 있다고 믿었기 때문일 것
이다.

차는 물에 따라 맛과
향이 달라진다. 물이 좋아야
차 맛이 좋아지고
물이 나쁘면 차의 맛은
물론 향도 죽는다.

향기를 머금은 찻잔, 개완蓋碗

우리가 사용한 찻잔은 개완蓋碗으로 불리는 뚜껑이 있는 일인용 찻잔이다. 원행 스님이 개완을 준비한 이유는 오랫동안 찻잔 안에 매화의 향을 붙잡아 두기 위함이었다. 그 의도에 맞게 제대로 향을 음미하며 매화차를 마시려면, 생각 없이 한 번에 뚜껑을 열어서는 안 된다. 일단 조심스럽게 뚜껑의 앞쪽을 살짝 들어 찻잔에 코를 가까이한다. 그리고 뚜껑 안에서 수줍은 미소를 터트린 매화를 지켜본다. 그러고 난 뒤 가장 마지막에 차 맛을 보는 것이다. 매화차는 코로 한 번, 눈으로 한 번, 입으로 한 번 마신다. 그저 꽃 한 송이를 띄운 물 한 잔일 뿐인데 무슨 공을 그렇게 들일까 싶기도 하지만 모든 음식의 맛을 좌우하는 것은 '정성'이라고 했다. 차 한 잔을 마실 때도 차에 걸맞은 다기를 준비하는 과정과 자연스럽게 차를 마시는 행위, 고요히 마음가짐을 챙기는 정성이야말로 차 맛을 으뜸으로 만드는 비결이 아닐까?

차에 걸맞은 다기를
준비하는 과정과
자연스럽게 차를
마시는 행위, 고요히
마음가짐을 챙기는
정성이야말로 차 맛을
으뜸으로 만드는
비결이 아닐까.

개완蓋碗 _ 청나라 후기

개완 표면에는 작은 구멍들이 나 있는 것처럼 보인다.
일견 구멍처럼 보이지만 그 위를 빛이 반 투과될 정도
의 얇은 유약 막이 덮고 있어 잔에 차를 담아도 새지
않는다. 이렇게 찻잔이나 그릇에 구멍을 뚫어 무늬를
만들고, 유약으로 그 구멍을 메꾸어 기물을 만든 것을
중국인들은 영롱자玲瓏瓷라 하고 일본인들은 투과되
는 빛이 반딧불 같다고 하여 형수螢手라고 부른다.

단니호団泥壺 _ 청나라 말

흔히 자사호紫沙壺로 알려져 있는 중국 강소성江蘇
省 의흥宜興에서 생산되는 도기의 한 종류이다. 니
료泥料(자사호를 만드는 흙)의 색깔에 따라 보라색
이 나는 것은 자니紫泥, 붉은 빛을 띠는 것은 주니朱
泥, 노란색의 것은 단니団泥로 부르며 그 외에도 다
양한 종류가 있다. 청나라 말 황옥린黃玉麟(1842-
1914)이라는 사람이 만든 것이다.

청화 백자 잔 _ 명나라

배추와 나비 문양이 청화로 그려져 있다. 중국에
서 배추는 티 없이 깨끗한 순결을 상징하며 나비
는 80세까지 장수하라는 의미가 담겨 있다.

향합香盒 _ 명나라

명나라 때 만든 청화 백자 합으로 본래는 향을 담
는 용도로 쓰였다.

차 자리를 이루는 것들

차 자리의 대화에는 흥미진진하거나 왁자지껄하거나 누군가를 여럿이서 험담하며 느끼는 속 시원함 같은 것은 없다. 매일 같이 사람들의 입에 오르내리는 가벼운 화제보다는 조금은 재미없고, 조금은 해묵은 이야기들이 오간다. 차 자리를 이루는 모든 것들 – 차 · 다기 · 사람 · 그림 · 창밖 풍경 · 스쳐 가는 바람 · 처마에서 떨어지는 빗방울이 주제가 된다. 따분할 것 같지만 의외로 그 여운은 오래도록 머리가 아닌 가슴에 남는다.

봄을 찾다尋春

작가 미상

盡日尋春 不見春(진일심춘 불견춘)

芒鞋遍踏 隴頭雲(망혜편답 농두운)

歸來偶過 梅花下(귀래우과 매화하)

春在枝頭 已十分(춘재지두 이십분)

하루 종일 봄을 찾아 나섰건만 봄을 보지 못하였네.
짚신이 다 닳도록 헤맸지만 보이는 건 언덕 위 구름뿐
집으로 돌아오며 문득 매화나무 아래를 지나는데
봄은 나뭇가지 끝에 이미 무르익어 있었네.

우리는 원행 스님이 들려주는 중국 송나라 때 무명無名의 스님이 지은 오도송悟道頌 심춘尋春을 음미하며 매화 이야기를 이어갔다. 꽃꽂이와 분재는 조선시대 선비들의 즐거움 가운데 하나였다고 한다. 특히 매화는 주변 공기가 너무 차면 꽃이 피지 않고, 공기가 너무 훈훈하면 꽃이 빨리 피어 꽃잎에 탄력이 없어 매화의 꿋꿋한 모습을 볼 수 없다. 매화 본연의 아름다움을 감상하기 위해서는 수시로 분재를 방안에 들여놨다, 밖으로 내놓았다 정성을 들여야 한다. 그렇게 지극한 수고로움과 인내심을 들인 매화가 드디어 꽃봉오리를 맺으면 분재 주인은 그제야 친구들을 불렀다. 그리고 밤낮을 가리지 않고 매화를 들여다보며 시를 짓고 술을 마셨다. 여기서 끝이 아니다. 꽃이 핀 매화 분재를 따뜻한 방안에 오래 두면 꽃이 금방 시들기 때문에 한기가 뼛속으로 스며드는 차디찬 대청마루에 매화를 놓아두고, 추위를 이겨 내기 위해 이불을 뒤집어 쓴 채 매화를 감상했다는 것이다. 매화의 어떤 매력이 조선의 선비들로 하여금 체면 불구하고 이불을 뒤집어쓰게 만들었을까? 매화는 수행자와 선비를 닮은 꽃이다. 매화의 고고한 자태와 한겨울 추위를 이겨 내고 꽃을 피우는 강인함은 고행苦行과 난행難行을 두려워하지 않는 수행자를 닮았고, 한 번 맡으면 쉽게 사라지지 않는 맑고 깊은 향은 선비의 고매한 품격을 닮았다고 여겼다. 수행자와 선비를 닮아 그들로부터 사랑받았던 꽃, 바로 매화이다.

원행 스님의 차실茶室을 환하게 밝히고 있는 홍매화 꽃꽂이에 사용된 화병은 명나라 때 만든 덕화백자德化白磁라고 한다. 덕화는 중국 복건성 천주시 관할에 있는 지역이다. 중국 예술 도자기의 고향으로 불리며, 유명한 도자기 조각품이 생산되는 곳이다. 이곳에서 주로 만드는 도자기는 일반 생활 자기가 아니라 예술 자기로 명나라 때부터 불상이나 도교의 신선, 화병 같은 것을 만들었다고 한다. 덕화백자의 색은 대리석 같은 고운 빛깔이다. 그 빛이 아주 고와서 마치 투명한 것처럼 보이기도 하는데 실제로 불을 비추면 빛이 반 투과되는 것이 보인다. 덕화백자는 두꺼워도 햇빛에서 보면 빛이 스며들며 약간 불그스레한 빛깔을 띤다. 그 색이 상아象牙 같다고 해서 상아백象牙白이라고 부른다.

安分身無辱(안분신무욕)

知機心自閑(지기심자한)

雖居人世上(수거인세상)

却是出人間(각시출인간)

편안한 마음으로 분수를 지키면 몸에 욕됨이 없고

세상 돌아가는 이치를 잘 알면 마음이 스스로 한가하다네.

비록 (몸은) 인간 세상에 살지라도

(마음은) 오히려 인간 세상에서 벗어났다 하리라.

소강절邵康節(북송 시대 시인)

매화에서 눈을 돌리자 차실 한편에 걸린 글씨가 눈에 들어왔다. 필력이 예사롭지 않다. 조선후기 전라도 출신 명필로 이름을 떨친 창암 이삼만蒼巖 李三晩(1770-1845)이 쓴 글씨이다. 창암 선생은 독학으로 글씨를 익혔다. 집안이 가난하여 냇가에서 물을 먹 삼아 바위를 종이 삼아 글씨를 연습했다고 한다. 그렇게 어려운 환경 속에서도 손에서 붓을 놓지 않았지만 젊은 시절 창암 선생은 큰 빛을 보지 못했다. 당대 최고의 서예가로 명성이 자자했던 추사 김정희秋史 金正喜(1786-1856) 선생은 그의 서체가 촌스럽다며 무시했다고 한다. 그러나 세월이 흐른 뒤 결국 창암 선생의 서체를 인정하고, 세상의 평가를 바꿔 놓은 것 역시 추사라고 한다.

추사 선생의 서체는 제주도 유배 후 완전히 바뀌게 된다. 우리가 알고 있는 추사체는 제주도 유배 중에 만들어진다. 당대 최고의 명문 집안에서 태어난 추사는 세상에 부러울 것이 없는 사람이었다. 지금으로 치면 재벌 2세, 금수저라고 할 수 있다. 그만큼 부유한 환경에서 자랐기에 좋은 글을 보고 배울 수 있는 조건을 두루 갖추고 있었다. 추사체 이전 젊은 시절의 글씨는 당당하고 멋있었다. 하지만 추사체가 지닌 변화무쌍하고 활달한 개성은 담겨 있지 않았다.

추사체가 탄생하게 된 것은 그의 제주도 유배가 결정적 계기가 된다. 평온했던 인생에 폭풍우가 몰아치고 한 번도 경험하지 못했던 인생의 쓴 맛과 고난을 겪으며 그의 서체는 바뀌게 된다. 당당하고 멋있기만 했던 서체에 삶의 무게가 담긴다. 그렇게 고되지만 남다른 성과(?)가 있었던 제주도 유배를 마치고 한양으로 향하던 길, 추사는 전주에 들러 창암 선생을 찾았다. 하지만 두 사람은 만날 수 없었다. 창암 선생은 이미 돌아올 수 없는 길을 떠나고 없었다. 유배 생활을 통해 글씨에 대한 새로운 생각과 안목을 가지게 된 추사는 비로소 창암 선생의 서체가 가진 개성과 특별함을 깨닫게 된다. 추사는 안타까워하며 그의 묘에 비문을 지어 예를 표했고, 이후 창암 선생의 서체에 대한 평가도 달라졌다. 그의 서체를 무시했던 과거의 오만함을 직접 사과하진 못했지만 추사의 인정으로, 창암 이삼만 선생은 조선 후기 3대 명필 중 한 명으로 명성을 얻게 된다.

　　창암 이삼만 선생의 서체는 누구도 흉내 낼 수 없는 개성과 속도감을 담고 있다. 후대 많은 사람들이 그의 서체를 연구하고 배우고자 했지만 비슷한 경지에 이른 사람이 거의 없다. 창암 선생의 서체는 어떤 큰 스승의 영향이나 가르침을 통해 만들어진 것이 아니라 그저 글을 쓰는 것이 좋아서 "죽기 살기로(원행 스님의 표현에 의하면)" 글씨에 매달려 얻은 결과이기 때문이다. 누군가 창암 선생의 글씨를 흉내 낼 수는 있을지 몰라도 글 속에 삶의 무게를 담아내지 못하는 이상, 그 글씨는 사이비(似而非: 비슷하지만 아니다.)가 될 수밖에 없다. 물론 추사체도 마찬가지리라.

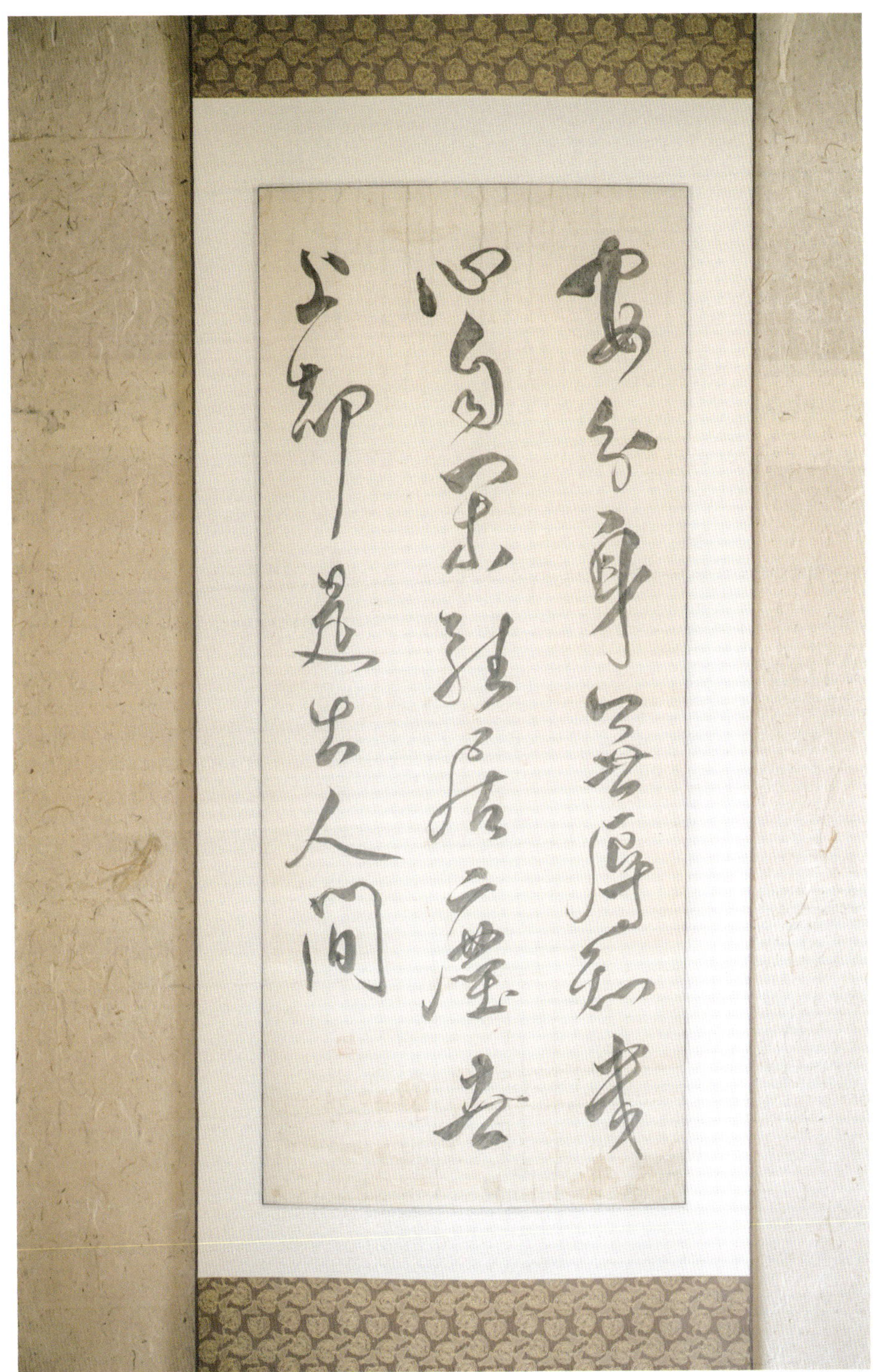

창암 이삼만_조선 후기

봄 기운 가득한 밥상

자극적인 맛에 길들여진 현대인의 입맛에 사찰 음식은 조금은 심심할 것이라고 많은 사람들이 생각할 것이다. 솔직히 우리들 가운데 최소한 한 명(누군지는 밝히지 않는 것이 좋을 것 같다.)은 자연에서 얻은 재료와 소금, 집 간장만으로 간을 맞춘 음식들을 보며 기대보다는 걱정이 앞섰다.

'밥 한 공기를 뚝딱 해치우지 못하면 어쩌지? 스님이 서운해 하실 텐데……'

"걱정도 팔자다.", "걱정을 사서 한다."라는 말을 이럴 때 쓰는 말인 것 같다. 봄 기운을 가득 담은 콩가루 쑥국과 원행 스님이 직접 재배해서 소금만 발라 구운 햇 표고 구이, 고기 대신 우엉을 주재료로 넣은 우엉 잡채, 연근의 아삭함과 찹쌀의 쫄 깃함이 기막힌 조화를 이루는 연근 찹쌀찜, 독특한 식감과 향이 입맛을 돋우는 가 죽 고추장 장아찌, 그리고 겨우내 땅속에서 자연 숙성되어 깊은 맛을 더하고 더한 김장 김치까지! 밥상은 한마디로 예술이었다. 우리는 차를 마시며 잡념을 비운 자리 를 스님의 밥상으로 든든하게 채웠다. 차를 마시고 난 뒤 먹는 밥은 참 달고 맛있었 다. 이것 역시 차인茶人들만이 누릴 수 있는 행복이 아닐까.

차는 기다림이다

오직 앞만 보며 달려가는 일상에 장애물이 나타났을 때, 내 의도와 상관없이 누군가 또는 그 무엇에 의해 발걸음을 멈추게 되었을 때, 우리는 스스로에게 이런 위로를 건네곤 한다. 「엎어진 김에 쉬어간다.」

우리에게 삶이란 끊임없이 돌아가는 다람쥐 쳇바퀴일 때가 많다. 그렇게 매일 매일 숨이 턱까지 차오를 정도로 돌고 또 돈다. 어느 순간 돌지 않고 멈춰 서 있는 자신을 발견하면 불안감을 느끼는 사람들도 적지 않다. 하지만 삶에 있어서 중요한 것은 속도가 아니라 방향이라고 했다. 어딘지 알지도 못하는 곳을 향해 무조건 뛰어가기보다 조금 더 행복하고 건강한 삶을 위해 잠시 방향을 고민해 보는 시간이 필요하다. 엎어진 김에 쉬어가는 것이 아니라 일부러라도 엎어져 쉬어 가야 한다. 그리고 우리는 바로 그 「쉬어감」을 위해 두 번째 차 자리를 가졌다.

기다림의 미학을 배우다 – 운흥사 차

전라도 나주 덕룡산 기슭에는 한국의 다성茶聖으로 불리는 초의草衣 스님이 출가하신 운흥사雲興寺라는 절이 있다. 운흥사는 신라 효공왕孝恭王(재위 897-912)때 도선국사가 도성암道成庵이라는 이름으로 창건했다고 전해진다. 조선 후기 차茶의 대가이자 뛰어난 문인文人이기도 했던 초의 스님이 차와 인연을 맺은 곳이 바로 운흥사이다. 이곳에서 은사 스님께 차 만드는 법을 배우고, 차와 깊은 인연을 맺은 것으로 전해진다. 지금도 절 뒷산에는 야생 차나무가 많은데, 이날 우리가 마신 차가 바로 그 잎으로 만든 것이다. 운흥사 주지 스님이 원행 스님에게 보낸 차는 사찰의 전통 방식으로 만든 것이라 한다. 운흥사 차는 발효차라서 오래 묵을수록 차 맛이 깊어지고, 찻잎을 뜨거운 물에 펄펄 끓여 마셔도 떫거나 쓰지 않다.

　운흥사의 발효차는 야생에서 자랐고, 고즈넉한 산사의 기운을 받았고, 오랜 세월 사찰에 전해 내려오는 전통 방식으로 만들었다는 흥미로운 배경을 가졌음에도 불구하고 알아주는 이가 별로 없다고 한다. 그러나 운흥사 주지 스님은 초의 스님이 출가한 사찰의 주지라는 결코 가볍지 않은 의무감에 해마다 적자를 감수하며 차를 만든다고 한다.

　원행 스님의 이야기를 들으며 안타까움을 금치 못하던 우리는 재미난 사연을

들게 되었다. 어느 날 운흥사 주지 스님은 차를 쟁여 두기만 할 수 없어 백양사 경내 매점에 차 10통을 가져다 놓았다고 한다. 그러나 2년이 지나도록 팔린 차는 고작 2통. 그 모습을 그냥 지나칠 수 없었던 원행 스님은 선뜻 운흥사에 남아 있는 차의 절반을 사겠다고 호기롭게 이야기했다고 한다. 차가 있어 봐야 얼마나 있을까 싶었던 것이다. 하지만 돌다리도 두들겨 보고 건너라고 하지 않던가. 며칠 후 원행 스님은 승용차 뒷좌석은 물론 조수석까지 점령한, 차를 가득 담은 자루들을 보고 당황할 수밖에 없었다고 한다. 이후 찻값을 치르는데 2년이 걸렸다고 하니 그 양이 얼마였을지는 짐작이 되고도 남는다.

원행 스님의 이야기가 차를 기다리는 우리를 유쾌하게 만들었다. 이야기가 끝나고 이내 들썩들썩 자세를 가다듬는 우리에게 스님이 말했다. 차는 '기다림'이라고…… 그리고 그 기다림을 지루하지 않게 하는 것은 차 자리의 대화와 상대방에 대한 관심이라고.

"차와 다기를 준비하고, 물을 끓이고, 차를 우려내고, 차를 내고(손님에게 찻잔을 내어 드리는), 함께 차를 마시는 그 시간 동안 작은 행동 하나하나에 집중하고, 함께 하는 사람들과 나누는 대화…… 이 모든 것은 즐겁게 차를 마시기 위해 꼭 필요한 과정입니다. 좋은 차는 '기다림'으로 완성됩니다."

　원행 스님이 우리의 차 자리를 위해 준비한 다기들을 마주할 때마다 감탄과 함께 조심스러움이 앞선다. 박물관에서나 볼 수 있을 것 같은 보물 같은 기물器物들을 어떻게 대해야 할지 조심스럽다. 가까이에서 다기들이 가지고 있는 매력을 들여다보고 싶은 욕심이 들지만 손에서 놓치기라도 하면 어쩌나 하는 생각이 앞선다. 원행 스님이 사용하는 다기들은 대부분 구하기 힘든 옛 것들이 많다. 지나치게 조심스러워하는 마음을 눈치챘는지, 스님을 그림자처럼 보필하며 첫 번째 차 자리부터 함께 준비를 도운 조 선생이 골동骨董 다기를 대하는 방법을 일러 주었다.

　첫째, 최대한 바닥에 가깝게 들고 본다. 만에 하나 손에서 미끄러져 놓치게 되더라도 깨지지 않을 만한 높이가 좋다.
　둘째, 조심스럽게 양손 손바닥을 이용해 다기를 감싼다. 다기를 놓쳐버리는 불상사가 발생하지 않도록 한손이나 손가락보다는 양손을 이용한다.
　셋째, 반지와 립스틱은 포기해야 한다. 오래된 다기들은 겉모습은 멀쩡해 보여도 매우 약해져 있기 때문에 금속과 부딪히면 쉽게 깨지거나 금이 갈 수 있다. 또 립스틱을 바른 채 차를 마시는 것도 좋지 않다. 오랜 세월을 견뎌온 만큼 잔에 있는 미세한 실금이나 상처 사이로 립스틱의 색이 배면 쉽게 지워지지 않기 때문이다.

녹유 화병_청나라

조산로潮汕爐 _ 청나라

청나라 후기 중국 남쪽 광동성 조주潮州에서 만든
화로이다. 전체적인 뼈대는 흰 흙으로 만들고, 표
면에 붉은 흙으로 덧칠했다. 중국이나 일본의 전
차煎茶 다도에서는 조산로를 최고의 화로로 친다.

은 탕관 _ 19세기 말-20세기 초

찻물을 끓이는 주전자로 은으로 만들었다. 은이
녹이 슬어 얼룩덜룩해지는 것을 방지하기 위해서
표면에 옻漆을 태워 도금하듯이 변색시켜서 보랏
빛이 도는 것이 특징이다. 조용히 귀를 기울이면
물 끓는 소리가 솔바람 소리처럼 들린다.

용무늬 장유 찻잔 _ 청나라

된장이나 춘장 같은 빛깔을 가지고 있다고 하여
장유醬釉라고 한다. 잔에는 용무늬가 새겨져 있다.

주석 잔 받침 _ 청나라

주석 잔 받침은 무른 성질을 가지고 있어 잔을 훼
손시키지 않는다.

묵은 차와 어울리는 자연의 맛 – 쑥송편, 송화다식

차를 마시다 보면 자연스럽게 허기가 찾아든다. 이 때 원행 스님이 내어놓은 쑥 송편과 송화다식은 그야말로 꿀맛이었다. 어떤 인공 감미료도 첨가하지 않은 쑥 송편은 오로지 쑥이 주는 자연의 향과 맛으로 입 안 가득 흐뭇함을 안겨 준다. 물론 스님의 정성 어린 손맛이 가장 중요한 비결일 터. 송화다식은 입안에 툭 털어 넣는 순간 그 맛을 충분히 음미하기도 전에 눈 녹듯 사라져 버리고 마는 아쉬움이 가득한 맛이었다. 소량의 꿀을 넣고 오랫동안 치대는 과정을 거쳐 완성된 송화다식은 그 노고를 느끼기도 전에 아쉽고 또 아쉽게 입 안에서 사르르 녹았다.

윤사월

박목월

송홧가루 날리는
외딴 봉오리

윤사월 해 길다

꾀꼬리 울면

산지기 외딴집
눈 먼 처녀사

문설주에 귀 대이고
엿 듣고 있다

아는 것보다 실천하는 것이 중요하다

차 자리에서는 찻물이 끓는 동안, 차가 우려 나오는 동안, 차를 마시는 동안 많은 이야기가 오고간다. 다담茶談이다. 그 이야기들은 차의 맛을 한층 더 깊게 만든다. 하지만 차 자리에서 하지 말아야 할 이야기도 있다. 정치, 돈, 남녀 간, 종교와 관련된 이야기는 가능하면 피하고 배제한다. 논쟁이나 언쟁의 여지가 있는 주제는 차 자리를 어수선하게 만드는 요인으로 작용하기 때문이다. 그렇다면 차 자리에서는 어떤 이야기를 나눠야 할까? 문학과 예술을 이야기하며 철학을 논하고, 시와 그림을 보면서 서로의 생각과 감정을 나누고 소통한다.

천년 넘게 일본의 수도였던 교토京都의 지은원知恩院 앞쪽에는 고미술 상점들이

향로와 향통_청나라

늘어선 골목이 있다. 골동품 거리로 알려진 이곳에서 원행 스님은 승려와 관리가 소나무 숲에 앉아 대화를 나누고 있는 그림 한 점을 발견했다. 그림 속에 등장하는 두 사람은 당 현종과 양귀비의 사랑을 노래한 장한가長恨歌를 쓴 백낙천(백거이白居易)과 그가 스승으로 모신 조과鳥窠 도림道林 선사이다. 백거이는 본래 유생儒生으로 불교를 배척하던 사람이었다. 그러던 그가 조과 도림 선사를 만난 후 불교에 심취한다.

뛰어난 시인이자 관료였던 백거이가 항주杭州 자사로 부임한 후 얼마 되지 않아서 일이다.

우월감과 자만심이 넘치던 백거이는 항주 근처에 은거하고 있던 조과 도림 선사의 소문을 듣는다. 조과 도림 선사는 틈만 나면 높은 나뭇가지에 올라 선정禪定에 들곤 했는데 그 모습이 마치 높은 나무에 새집(조과鳥窠)이 매달린 것과 같다하여 사람들이 조과 선사라 불렀다. 백거이가 조과 선사를 찾은 날도 선사는 높은 나뭇가지에 앉아 선정에 들어 있었다. 때마침 세찬 바람에 나뭇가지가 흔들리자 백거이가 이를 보고 깜짝 놀라 고함을 질렀다.

백거이　　아이고! 스님, 위험합니다!

도림　　내가 보기에는 당신이 더 위험해 보이오.

백거이　　아니 저는 땅 위에 두 발을 디디고 있는데 대체 뭐가 위험하단 말씀입니까?

도림 보아하니 당신은 성격이 불 같아 자칫하면 본인과 가족뿐 아니라 친구와
이웃까지 위험에 처하게 만들 수도 있고, 또 관리라는 것이 자칫 말 한마
디 잘못 내뱉으면 하루아침에 역적이 되고, 친구 하나 잘못 사귀면 구족
을 멸하게 되니, 당신은 지금 칼날 위를 걷고 있는 것이나 마찬가지가 아
니겠소.

조과 선사가 예사로운 인물이 아님을 느낀 백거이는 곧바로 선사에게 정중하게
예를 표하고 가르침을 청한다.

백거이 스님, 부처님의 가르침이 무엇입니까? (如何是佛法大意)

도림 제악막작 중선봉행 (諸惡莫作 衆善奉行)
자정기의 시제불교 (自淨其意 是諸佛敎)

모든 악을 짓지 말고 온갖 선을 받들어 행하라.
스스로 뜻을 깨끗이 하면 이것이 모든 부처님의 가르침이다.

백거이 아니, 스님! 그것은 세 살 먹은 어린애도 아는 것이 아닙니까?

<u>도림</u>　　　세 살 먹은 아이도 능히 아나 팔십 먹은 노인도 행하기는 어렵소.

이 일화 속에서 백거이는 형이상학적인 심오한 답을 기대하며 질문을 던졌지만 조과 선사는 누구나 알고 있는 평범한 이야기로 실천의 중요성을 설파한 것이다. 이 인연으로 백거이는 조과 도림 선사를 스승으로 받들어 모셨고 그의 제자가 됐다고 한다.

이렇게 차를 마시며 그림 이야기를 나누다 보니 자연스럽게 역사 속 한 장면을 만나게 되었다. 그리고 그 인물들이 나누었던 대화를 엿듣다 보니 어느새 우리들의 가슴에도 하나의 가르침이 새겨진 듯했다.

아는 것보다 실천하는 것이 중요하다.

산진해미 山眞海美

원행 스님의 밥상은 소박하면서도 화려하다. 이상한 말이지만 그렇다. 값비싼 재료와 감칠맛을 내기 위한 다양한 양념, 멋스런 장식을 쓰지 않았기에 소박하다. 반면 현대인들이 매일 같이 마주하는 밥상에서는 찾아볼 수 없는 자연의 맛, 재료 본연의 맛, 계절의 맛이 살아 있기에 화려하다. 겉모습은 수수하나 머리와 가슴은 누구보다 열정적이고 아름다운 사람에 비할 수 있을 것 같다.

이른 봄에 나오는 해초인 까사리를 넣은 된장국은 색다른 향과 식감으로 겨우내 떠났던 입맛을 되살려주는 마술을 부렸다. 가죽, 더덕, 엄나무 순, 취나물, 곰취와 같은 산나물은 지지고 볶는 요란을 떨지 않아도 맛이 났다. 원행 스님이 직접 담근 고추장, 유자청, 들기름, 소금 정도가 양념의 전부지만 맛은 최고급 호텔 코스요리가 부럽지 않았다. 물론 그러한 요리를 맛보지 못한 탓도 있을 테지만 기분은 그랬다.

차 자리가 있는 날이면 전날, 어쩌면 일주일 전부터 어떤 밥상을 준비할까 찬거리를 고민하는 스님의 얼굴이 떠올랐다. 이른 아침부터 노보살님과 함께 재료를 다듬고 있는 스님의 뒷모습이 그려졌다. 그리고 일일이 스님의 수발을 들어가며 보조를 맞추는 조 선생까지. 원행 스님의 밥상은 늘 정성과 비례해 최고였다.

더덕 유자청 무침

취나물 볶음

엄나무 순 무침

가죽(참죽) 고추장 무침

자연보다 더 아름다운 그림은 없다

아침을 깨우는 자명종 시계 소리, 자동차 경적 소리, 컴퓨터 키보드 소리…… 오늘을 살아가는 우리는 일상 속에서 수많은 소음과 마주한다. 시대가 변하고 기술이 발달하면서 너무나 많은 소리들이 뒤섞이다 보니 세상이 시끌벅적한 것이 당연하게 느껴질 정도다. 어쩌다 가끔 소음이 차단된 곳에 가면 그 고요함을 즐기고 편안함을 느끼기보다 어색하고 불편하게 여겨질 때도 있다. 하지만 이곳은 달랐다. 관봉 선생의 초대로 찾아간 경기도 어느 산자락은 복잡한 세상살이와는 인연을 끊은 듯 평화롭고 아늑했다. 어머니 품과 같이 기분 좋은 상쾌함이 밀려드는 곳…… 그곳 산자락에서 우리는 세 번째 차 자리를 펼쳤다.

온 천지가 아름다운 그림! – 오룡노차烏龍老茶

들 차회(계곡이나 숲속 야외에서 펼치는 차 자리)를 위해 찾은 숲에서 우리를 가장 먼저 맞아 준 것은 꾀꼬리와 산비둘기였다. 마치 암호를 전달하듯 똑같은 소리를 반복하는 새들의 지저귐 속에서 50년의 세월을 버틴 오룡노차를 마셨다. 중국에는 수를 헤아릴 수 없을 만큼 다양한 종류의 차가 존재한다. 그런 차들을 하나하나 소개한다는 것은 불가능하다. 크게는 불 발효차, 반 발효차, 발효차, 후 발효차 등으로 나눌 수 있다고 한다. 우리가 숲속에서 마신 차는 반 발효차인 오룡차를 50년 이상 항아리 속에서 발효시킨 오룡노차였다. 무려 반백 년을 살아온 차가 뿜어내는 맛과 향은 그 깊이가 남달랐다. 세월의 깊이가 담겨 있었다. 입안을 부드럽게 감싸고, 목을 넘어가며 코를 자극하는 달큰한 향기는 오룡노차만이 가진 독특한 매력이라고 할 수 있다.

주 5일 근무제가 시행되고, 먹고 사는 것이 조금은 여유로워지면서, 사람들은 주말이나 휴일을 집에서 보내는 것을 싫어하게 되었다. 산으로, 바다로, 강으로, 들판으로 나들이를 떠나는 일이 행복의 조건이 되는 경우도 많다. 특히 SNS(소셜 네트워크 서비스)라는 공간을 이용하는 사람들이 늘면서 여행 문화, 놀이 문화는 날로 발전하고 있다. 하지만 몇 년 전까지만 해도 여행은 큰맘 먹고 계획하지 않으면, 일 년

에 한 번 할까 말까 한 연례행사였다. 가끔 주변의 이야기를 들어 보면 신혼여행이 첫 여행이자 마지막 여행이 된 사람들도 적지 않다. 그렇다면 우리 조상들은 어떠했을까? 조선시대 아녀자들은 봄이 되면 화전놀이에 나섰다. 유교사상이 뿌리 깊었던 그 시절, 여자들이 공식적으로 콧바람을 쏘일 수 있었던 유일한 행사가 바로 화전놀이였다. 지금처럼 마음만 먹으면 여행을 떠나고, 마음 맞는 사람들과 야유회를 즐기는 일은 상상할 수 없었다. 여자들과 달리 선비들은 경치 좋은 정자에서 그들만의 풍류를 즐기곤 했는데 그런 자리에는 차와 술이 같이하는 경우가 많았다. 조선 후기의 그림을 보면 차와 술이 함께 있는 모습을 자주 볼 수 있다. 요즘 차인들이 진행하는 들 차회보다는 야유회에 가까운 모임이었다.

숲 한가운데 차려진 차 자리를 보며 소풍 나온 어린애처럼 약간은 흥분되고 들뜬 마음과 함께, 오늘은 어떤 대화가 오고 갈까? 궁금증이 일어났다.

"스님, 오늘은 어떤 그림이랑 글을 준비해 오셨나요?"
"여기 온 천지가 그림인데 따로 어떤 그림이 필요합니까? 아무리 솜씨 좋은 화가가 그린 그림도 자연보다 더 아름다울 수 없고, 빼어나게 예쁜 화병에 기가 막힌 솜씨로 꽂아 놓은 꽃도 산과 들에 흐드러지게 핀 꽃만큼 아름다울 수는 없습니다. 자연 속에서 차를 마실 때는 그냥 자연 속으로 들어가면 됩니다."

자연보다 더 아름다운
그림은 없고
산에 들에 핀 꽃보다 더
아름다운 꽃이는 없다!
자연 속에서 차를 마실
때는 자연 속으로
그냥 들어가면 된다.

　　그냥 자연을 즐기며 자연 속으로 들어가면 된다는 스님 말씀에 긴 호흡을 한다. 그렇게 들 차회의 낭만에 한껏 빠져 있는 우리에게 스님은 십여 년 전 추억을 이야기했다. 한겨울 공주 계룡산 기슭 작은 산사에서 원행 스님은 통도사 율원장 덕문 스님, 전 통도사 강사 광우 스님과 차 자리를 함께 했다고 한다. 저녁 공양을 마치고 찻물을 끓이려고 하는데 하늘에서 갑자기 눈발이 흩날리기 시작했다. 스님들은 그 모습을 바라보며 넋을 잃고 연신 "눈 좋다, 눈 좋아!"를 내뱉었다. 매서운 추위가 기승을 부렸지만 있는 대로 누비옷을 껴입고 창문을 활짝 열어 놓은 채 차를 마셨다. 그야말로 설중차雪中茶, 설야차雪夜茶를 마신 것이다. 뜨거운 찻잔에 입김을 후후 불어가며 차를 마셨던 그날을 회상하는 원행 스님의 얼굴에 어린아이 같은 미소가 지나갔다. 그렇게 한참을 차를 마시다가 눈이 그치자 밝은 달이 드러나고 눈 위로 달빛이 쏟아져 온 산중이 환하게 밝았다고 한다. 이번에는 누가 먼저랄 것도 없이 밖으로 나가 눈 위에 돗자리를 펴고 화로에 숯불을 피우고, 소복하게 쌓인 눈밭의 찬기를 조금이나마 막아보겠다고 방석이란 방석은 다 들고나가서 자리 위에 깔고 차를 마셨다고 한다. "사서 고생"이라는 말이 절로 생각나는 장면이다. 하지만 세 분 스님에게 그날은 선물 같은 날이었다. 눈이 좋았고, 달빛이 좋았다. 마침 산사에 머물던 신도 한 분이 벽에 걸려 있던 거문고를 내려 영산회상을 탔다. 우연치고는 모든 것이 완벽한 들 차회였다.

다송茶頌

靜坐處 茶半香初 (정좌처 다반향초)

妙用時 水流花開 (묘용시 수류화개)

고요히 앉은 곳(선방禪房) 차 마시고 향 피우니

묘한 작용 일어날 때 물은 흐르고 꽃은 피네.

(추사 김정희가 초의 선사에게 보낸 편지 중)

녹차, 과연 전통차일까?

우리를 초대한 관봉 선생은 오래전부터 차를 즐겨 온 차인이다. 그럼에도 불구하고 여전히 차에 관한 이야기라면 누구보다 귀 기울여 원행 스님의 말씀을 경청한다. 관봉 선생은 처음 녹차綠茶로 차 생활을 시작했다. 그런 이유로 한국 전통차는 당연히 녹차일 것이라는 생각을 가지고 있었다. 또 주변에 그렇게 생각하고 말하는 차인들이 제법 있다고 한다. 이번 차 자리에서 우리는 원행 스님으로부터 다양한 한국 전통차의 이야기를 들을 수 있었다.

차를 이야기하다 보면 차 문화의 발상지인 중국을 이야기하지 않을 수 없다. 중

건칠 잔 받침 乾漆盞卓 _ 청나라

종이로 뼈대를 만들고 옻칠로 마무리하는 건칠 기법으로 만든 잔 받침이다. 가볍고 독특한 질감이 느껴지는 것이 특징이다.

녹유 향삽 香揷 _ 원나라

원나라 때 만들어진 선향을 꽂는 향꽂이이다. 푸른빛을 띠는 녹유라는 유약을 바른 것으로 오랜 세월 땅 속에 묻혀 있으면서 원래의 빛깔이 사라지고 표면에 흰색의 피막인 은화銀華가 덮여 있다.

국에는 다양한 제다법(차를 만드는 방법)과 셀 수 없이 많은 차가 존재한다. 우리가 알고 있는 찻잎을 찌거나, 덖거나, 뭉치거나 하는, 다양한 제다법의 원형이 중국에 있다. 우선 이러한 사실들을 인정해야 한국 차의 실체에 접근할 수 있다. 많은 사람들은 녹차가 한국의 전통차라 생각한다. 하지만 현재와 같은 형태의 녹차가 만들어진 것은 그리 오래된 일이 아니라고 한다. 요즘 우리가 즐겨 마시고 있는 녹차는 뜨거운 물을 바로 부어 마실 수 없기 때문에 물 식힘 그릇이 필요하다. 그런데 우리의 역사 기록 어디에도 물을 식혀 차를 마셨음을 유추하게 하는 내용은 존재하지 않는다. 뿐만 아니라 유물로 남겨진 물 식힘 그릇도 찾아볼 수 없다. 일부에서는 청자나 분청, 백자로 만들어진 귀대접(숙우)을 물 식힘 그릇이라고 주장하지만 귀 대접은 차 자리에서 사용하던 다기茶器가 아니고 술이나 간장, 기름 등을 따를 때 사용하던 주방용 그릇이다. 오늘날 물 식힘 그릇을 사용하는 차는 한국의 녹차와 일본의 고급 녹차에 해당하는 옥로玉露 정도다. 식힌 물을 사용하는 녹차는 중국에서 일본으로 전파된 제다법 가운데 하나로, 그리 오래되지 않은 과거에 우리나라에 유입된 것으로 보인다. 이런 녹차가 유입되기 이전에는 최근 조금씩 만들어지고 있는 청태전이나 고뿔차 같은 발효차를 마셨을 것이다. 전통 발효차는 차를 우리는 과정이 단순하다. 끓는 물을 바로 붓거나 탕관에 차를 넣고 끓여도 떫고 쓴 맛이 별로 없어서 거부감 없이 마실 수 있다. 또 발효 과정에서 차의 냉한 성질이 사라져서 속을 편하게 한다. 설사 우리 조상들이 녹차를 만들어 마셨다고 하더라도 현재와 같이 식힌 물을 사용하는 차가 아니라 끓는 물을 바로 부어 마실 수 있는 중국 녹차에 가까운 차였을 것이다. 그러므로 물을 식혀서 마시는 녹차는 전통차라기보다는 비교적 최근에 유입되어 토착화된 것으로 보아야 한다는 것이다.

녹차를 만드는 방법에는 증제법蒸製法(수증기로 찻잎을 찌는 것)과 부초법釜炒法이 있다. 부초법은 덖음법이라고도 한다. 솥에 기름을 넣지 않고 볶는 것을 덖는다고 한다. 일본에서는 증제차와 부초차가 모두 생산된다. 우리나라를 대표하는 부초차를 만드는 집도 일제 강점기에 일본에서 그 기술을 배워 온 것으로 알려져 있다. 지금처럼 물을 식혀 마시는 부초차가 언제부터 우리나라에서 만들어지고, 그 역사와 전통이 얼마나 됐는지, 현재로서는 정확한 사실 관계를 증명할 기록이나 증인은 없다. 하지만 조선 후기나 일제 강점기를 겪은 노스님들의 이야기를 들어보고, 문헌의 기록을 살펴봐도 물을 식혀 차를 마신 흔적이 보이지 않는다. 우리는 차를 펄펄 끓여서 마셨던 것으로 보인다. 그래서 차를 우린다고 하지 않고, 다린다는 표현을 썼다. 최근 물을 식혀서 마시는 녹차가 마치 수백 년의 전통을 가진 것처럼 이야기하며, 몇 대째 이런 녹차를 만들어 왔다는 주장의 진위眞僞를 자세히 살펴볼 필요가 있다.

세상에 맛없는 차는 없다

청탁불문淸濁不問(청주·탁주를 가리지 않고), 시소불문時所不問(때와 장소를 묻지 않는 것)이 애주가의 기본자세라고 한다. 차도 마찬가지다. 진짜 차를 좋아하는 사람은 "무슨 차가 최고다!"라는 말을 하지 않는다. 어디서, 누구와 함께 마시느냐에 따라서 맛이 다르기 때문에 종류를 따져 가며 맛을 논하는 것은 부질없는 일이다.

원행 스님은 청주 내원사 설곡 스님의 이야기를 들려주었다. 어린 나이에 일찍 출가하신 설곡 스님이 대구 근처 가창 운흥사의 주지로 계실 때다. 1970년대 초부터 차를 직접 만들어 마시고 있던 설곡 스님에게, 어느 여름 날 노스님 한 분이 찾아오셨다. 설곡 스님은 더위를 피하기 위해 노스님을 모시고 절 옆 계곡으로 향했다. 그리고 그곳에서 불을 피워 물을 끓이고, 자연을 벗 삼아 차를 대접하셨다. 설곡 스님의 정성에 감복한 노스님이 당신도 차를 대접해야겠다며 잠깐 절에 다녀오겠다고 하셨다. 잠시 뒤 노스님은 작은 종지 하나에 된장을 담아 오셨다. 그리고는 시원하게 흘러내리는 계곡 물을 큰 그릇에 담고, 그 물에 삼베 천을 이용해 조물조물 된장을 걸러냈다. 그렇게 거른 것을 찻잔에 담아 설곡 스님께 주셨다고 한다. 시원한 계곡물과 된장으로 만든 일명 '된장차', 과연 그 맛은 어떠했을까? 직접 차를 만들고 매일 같이 차를 마시던 설곡 스님이지만 시원하면서 구수하고 짭조름한 맛이 일품

이던 그날의 된장차는 지금까지도 인상 깊었던 특별한 차 중의 하나로 남아 있다고
한다.

　세상에 맛없는 차茶는 없다. 고품질, 고가의 차만 선호하다 보면 오히려 차에 대
한 흥미를 잃을 수 있다. 사람마다 가지고 있는 매력이 다르듯이 차도 저마다의 특
성이 있다. 향이 진하면 진한대로, 맛이 강하면 강한 대로, 단맛, 쓴맛, 떫은맛에도
나름의 개성이 담겨 있다. 그 맛의 차이를 인정하고 나름의 의미를 부여하다 보면
모든 차를 맛있고 즐겁게 즐길 수 있다. 때와 장소, 함께 하는 이들의 마음가짐에 따
라 맹물도 된장 푼 물도 얼마든지 좋은 차가 될 수 있다.

약이 아닌 봄나물은 없다

세 번째 만남쯤 되니 자연스럽게 원행 스님의 조수가 된 우리(평생 조수 조 선생과 불량 주부 필자)는 본의 아니게 관봉 선생 댁 부엌을 점령했다. 하지만 보조 신분을 핑계로 주변을 빙빙 맴돌며 적당히 보조를 맞추는 우리와 달리, 스님은 남의 집 부엌에서도 빠른 손놀림으로 밥상에 올릴 음식들을 척척 만들었다. 사과를 갈아 넣고, 고춧가루와 간장으로 간을 맞춘 겉절이에는 원행 스님이 관봉 선생 댁 뒤뜰에서 직접 딴 싱싱한 상추와 겨자채, 참나물이 더해졌다. 밥상을 준비하기 전에 주변을 한 바퀴 휘 둘러본 스님은 미리 생각한 메뉴를 조금 변경한 듯했다. 집 주변과 산자락에 널려 있는 재료를 최대한 활용해 밥상에 담아내고 싶었으리라.

밥상이 차려지는 동안 부엌에서는 음식 냄새가 진동했다. 당연한 일이지만 유난히 배꼽시계를 자극하는 그 냄새가 더 진하게 느껴지는 데에는 이유가 있었다. 부엌의 음식 냄새를 밖으로 빼는 환풍기가 그만 새들의 보금자리가 되었기 때문이다. 몇 년 전부터 환풍기 속에 새들이 둥지를 틀고 그곳에서 새끼를 부화해서 기르기 시작했다고 한다. 그렇게 환풍기를 새들에게 내어 주고, 한겨울에도 창문을 열고 음식 냄새를 쫓는다는 이야기를 들으니 관봉 선생과 부인인 삼매화 보살의 생명 사랑이 느껴졌다.

　공간을 바꿔 함께한 세 번째 밥상은 까칠한 식감이 입맛을 자극하는 조밥과 담백한 머위 들깨국, 상추 겨자채 겉절이, 죽순버섯볶음, 겉옷을 입은 듯 안 입은 듯 소량의 밀가루를 묻혀 바삭하게 부쳐낸 참나물전, 짠지와 묵은 김치로 푸짐하게 차려졌다. 우리는 언제나 그렇듯이 감탄을 이어갔다. 아니 나들이를 나온 기분 탓이었는지 평소보다 조금 더 호들갑스럽게 감탄을 늘어놓았던 것 같다.

수여산 복여해 壽如山 福如海

어느새 계절은 봄에서 여름으로 넘어가고 있었다. 이른 더위가 찾아오는 바람에 차 자리로 향하는 옷차림이 훨씬 가벼워졌다. 이번에는 발걸음도 가벼웠다. 다도의 「다」자도 모르던 필자가 점점 차 맛이 그리워지기 시작했기 때문이다. 반가운 변화였다.

차 자리는 계절이나 그 자리에 참석하는 사람들에 의해 의미가 달라지기도 하고, 때로는 주변의 크고 작은 행사나 일상에 변화가 생겼을 때 새로운 의미를 부여해서 자리를 마련하기도 한다. 누군가가 아프면 쾌차를 기원하는 의미에서 차 자리를 갖기도 하고, 지인이 이사하거나 집을 지었을 때는 집안의 평안을 기원하며 함께 차를 마신다.

우리의 네 번째 차 자리가 그러했다. 원행 스님을 가장 가까운 곳에서 보필하는 조 선생 부부가 새 보금자리로 이사한 것을 축하하고, 더불어 부부의 건강과 장수를 기원하기 위해 함께 했다. 사실 조 선생 부부와 원행 스님의 인연은 조 선생의 남편인 한 선생이 먼저였다고 한다. 하지만 차 자리를 함께 할 때마다 본 조 선생의 열정으로 말한다면 원행 스님과 조 선생이 조금 더 가깝게 보였다. 그 이유는 스님의 움직임에 한발 앞서 척척 보조를 맞추는 것은 조 선생을 따라갈 이가 없기 때문이다. 이번 차 자리에서도 원행 스님과 조 선생은 언제나 그랬듯이 최고의 호흡을 자랑했다.

동가홍상同價紅裳은 차 자리에서도 통한다 – 운흥사 햇차

조 선생 부부가 이사한 새집에서 처음 갖는 차 자리인 만큼, 원행 스님은 나주 운흥사에서 보내온 햇차를 준비했다. 녹차라기보다는 녹차와 발효차의 중간 정도쯤 되는 운흥사 햇차는 찻잎이 조금 커 보였다. 운흥사 스님이 바빠 때를 놓쳐 조금 늦게 찻잎을 따셨다고 한다. 홀로 차를 만드는 스님의 고독한 노고가 느껴졌다.

　햇차의 맛은 역시 좋았다. 단순히 좋다는 표현 말고 다른 표현이 생각나지 않았다. 문득 차의 맛을 나누는 기준이 무엇인지 궁금해졌다. 대부분은 주관적인 평가에 기댈 수밖에 없지만 보다 깊은 맛에 대한 평가는 나름 객관적인 기준이 있다고 한다. 차가 가지고 있는 본래의 맛인 오미五味(신맛·쓴맛·단맛·짠맛·떫은맛) 그리고 설명하기 힘든 그 무엇이 조화를 이루어야 차의 진미를 느낄 수 있다고 한다. 그렇다면 그 무엇은 어떤 것이고, 그 무엇을 어떻게 알 수 있단 말인가? 설명은 의외로 간단했다. 갓 시집온 초짜 며느리와 수십 년 살림을 한 베테랑 시어머니에 빗대어 스님은 설명을 했다. 베테랑 시어머니는 대충 눈대중으로 적당히 밥을 지어도 고슬고슬 윤기가 자르르 흐르는 맛있는 밥을 짓는다. 하지만 손에 물 한 방울 안 묻혀 본 새 며느리는 계량컵으로 작은 눈금 하나까지 맞춰 가며 밥을 지어도 어느 때는 진밥이 되고, 어느 날은 된밥이 된다. 한마디로 경험과 내공에서 오는 차이라는 것. 차를 많이 마셔 본 사람들은 자연스럽게 차의 깊은 맛을 느끼게 된다고 한다.

　좋은 차를 제대로 즐기려면 좋은 차는 기본이고 좋은 다기를 쓰면 더 좋다. "같은 값이면 다홍치마"라는 말이 괜히 있는 것이 아니다. 차를 마실 때 좋은 다기를 사용하면 차의 깊은 맛을 끌어내는데 유리하다. 그렇다면 좋은 다기란 어떤 것일까? 좋은 다기는 차가 가지고 있는 맛과 향을 훼손시키지 않고 잘 우려내고, 잘 우러난 찻물을 온전히 담아낼 수 있는 다기를 말한다. 유명한 도공이 만든 다기라고 해서 모두 좋은 다기라고 할 수는 없다. 보통 차 맛을 잘 뽑아내는 다기는 보온력이 좋은 흙을 사용한다. 보온력이 좋으면 차 맛이 잘 우러나고 유지되기 때문이다. 특히 중국에서는 다기의 보온력을 중요하게 생각한다. 많은 중국인들이 차를 마실 때 자사호紫砂壺를 높이 치는 이유도 자사 흙 속에 포함된 철분이 보온력을 높여 주기 때문이다. 보온력을 중시한다고 해서 다기의 미적 감각을 완전히 무시할 수 없다. 같은 커피라도 분위기 좋은 곳에서 마시는 커피가 더 그윽하게 느껴지는 것처럼 차도 아름다운 다기를 사용했을 때, 맛과 향이 더욱 깊게 느껴진다. 보온력과 미적 감각을 모두 갖춘 다기를 좋은 다기라고 하면 큰 무리가 없을 것이다.

소우란 자사호 _ 청나라

청나라 후기의 소우란邵友蘭이 만든 자사호다. 용
문양이 정교하게 새겨져 있다. 오래된 그릇이라서
물을 부으면 눈에 보이지 않는 기공氣孔 속으로 물
이 흡수되는 "쏴~" 하는 소리가 들린다.

흑유 잔 _ 명나라

흑유라 불리는 검은 유약을 바른 잔으로 소박하고
편안한 느낌을 준다.

청화 백자 차통 _ 조선 시대

조선 시대에 만들어진 것으로 추정되는 청화 백자
다. 대나무와 국화 그림이 그려져 있다. 본래 쓰임
은 분이나 화장품을 담았던 것으로 짐작된다. 일
본으로 건너가 차통으로 그 쓰임새가 달라졌다.
뚜껑은 상아를 깎아서 만들었다.

감鑑 화로 _ 한나라

한나라 때 만들어진 청동기로 본래는 물을 담아
얼굴을 비춰보는 거울과 같은 용도로 사용하던
것이다. 이런 용도의 기물을 감鑑이라 한다. 이것
을 화로로 전용해서 사용했다.

청자 다관 받침 _ 원나라

원나라에서 명나라 초기에 만들어진 용천요 청자 접시이다. 바닥에 잉어 두 마리가 그려져 있는데 잉어가 용문龍門을 오르면 용이 되어 승천한다는 전설이 있듯이 새집으로 보금자리를 옮긴 만큼 진일보하라는 의미를 담고 있다.

고려청자 흑백 상감 완 (퇴수기) _ 고려 시대

흑백 상감 기법으로 만들어진 고려청자로 일종의 대접이다. 청자를 굽는 과정에서 가마 안으로 산소가 많이 들어가서 산화로 인한 누런 빛깔을 띠게 되었다. 또 땅속에 오랫동안 묻혀 있었던 탓에 흙물이 배어 청자의 특징인 푸른빛이 탁해졌다. 차 자리에서는 퇴수기로 사용했다.

향삽香揷 _ 원나라

청나라 때 만든 향꽂이로 접시에 향로를 올려놓은 모양으로 만들었다. 선향을 꽂아 향을 피울 때 쓴다.

건강과 장수를 기원하다

이번 차 자리를 위해 원행 스님이 준비한 그림은 명나라 때 그려진 신선도^{神仙圖}다. 그림 속에 등장하는 노인은 수성노인^{壽星老人}이라고도 불리며, 도교^{道敎}에서 수명을 관장하는 신선이다. 그림을 자세히 들여다보면 노인이 들고 있는 지팡이에 두루마리 같은 것이 묶여 있는데, 거기에 사람들의 수명이 적혀 있다고 한다. 수성노인 뒤에는 건강과 장수를 상징하는 큰 바위와 붉은 열매가 달린 나무가 그려져 있다. 붉은 열매가 달린 나무는 남천^{南天}이라는 나무로 달리 성죽^{聖竹}이라고도 부른다. 이 또한 장수를 상징한다. 이번 차 자리에 수성노인도를 건 스님의 의중이 엿보인다.

수여산 복여해^{壽如山 福如海}
수명은 산과 같이, 복은 바다처럼

산과 같이 오랜 수명을 누리고 바다와 같이 큰 복을 누리라는 뜻을 담아, 새로운 곳에서 시작하는 조 선생 부부의 앞날을 기원하는 원행 스님의 바람이 담겼다고 볼 수 있다.

차를 마시며 신선도를 감상하던 원행 스님은 선인장^{仙人掌}에 대한 이야기를 들

수성노인도_명나라

려주었다. 사람들은 신선의 세계를 아름답고 한없이 평화로우며 신비로움이 가득한 세계로 생각한다. 하지만 신선이 되기 위해 얼마나 오랜 시간 동안 피나는 수련과 수행을 해야 하는지 알지 못한다. 신선이 되는 과정은 그리 아름답지도, 평화롭지도, 신비롭지도 않다. 어느 날 갑자기 "내가 바로 신선이요!" 하고 태어나는 것이 아니라 피나는 수련과 수행을 이겨 내고 또 이겨 내야 마침내 신선이 될 수 있다고 한다. 우리 주위에서 많이 볼 수 있는 화초 가운데 선인장이라는 것이 있다. 납작한 모양에 무수한 가시가 박힌 그 모습이 신선이 되기 위해 무수한 수련과 수행의 시간을 거친 수행자의 손바닥 같다고 해서 '신선의 손바닥(仙人掌, 선인장)'이라는 이름을 붙였다고 한다.

　우리 인생은 변화무쌍하다. 쓰다가도 달고, 흐릿하다가도 선명해진다. 사람들은 대부분 인생의 과정보다 결과만을 중시하는 경우가 많다. 누군가의 행복한 모습, 성공한 모습을 보며 부러워만 할 뿐, 행복과 성공을 위해 그 사람이 얼마나 많은 고난과 역경을 헤치고 왔는지에 대해서는 별 관심이 없다. 인생은 포장된 길을 달려가는 것이 아니다. 때로는 웅덩이에 빠질 수도 있고, 때로는 지치고 힘들어 포기하고 싶을 때도 있고, 때로는 순탄한 평지를 만날 때도 있을 것이다. 고난이 닥쳐왔을 때 비관하지 않고, 행운이 찾아 왔을 때 방심하고 경솔하지 않으며 묵묵히 앞을 향해 나아간다면, 언젠가는 성공과 행운의 주인공이 내가 될 수도 있는 것이다.

수성노인도 옆에 걸려 있는 먼지떨이 같이 생긴 물건이 눈에 들어왔다. 불자拂子라는 것이다. 우리나라에서는 스님들이 주로 사용하지만 명나라 때는 멋쟁이 문사文士들의 필수품이었다고 한다. 흰 말의 꼬리털이 묶여 있고, 도장을 팔 때 사용하는 회양목에 용龍과 영지靈芝를 조각했다. 삿된 마음과 욕심을 털어 내고 부정을 쫓는 의미를 담고 있다고 한다. 마치 아주 오래 전부터 조 선생 집에 자리 잡고 있던 것처럼 집안 분위기와 불자가 잘 어울렸다. 욕심과 걱정을 비우고 가벼운 마음으로 살라는 조 선생 부부를 향한 스님의 마음을 대신 전하고 있는 것 같았다.

세월과 함께 차 맛도 변한다

"차를 하루에 얼마만큼 마셔라 하는 규정은 없습니다. 사람마다 차 마시는 양은 제각각입니다. 냉기가 덜 빠진 녹차를 너무 많이 마시면 속에 부담이 오고 몸이 냉해진다고 합니다. 발효차는 취향에 따라 다른데, 어떤 차가 됐든 계속해서 차를 마시다 보면 내 몸이 신호를 보냅니다. 머리가 어지럽다든지, 손발이 떨린다든지, 몸에서 이제 그만 마시라고 신호를 보내면 잔을 내려놓는 것이 좋겠지요."

원행 스님 말씀이다. 어떤 차든 오랫동안 마시다 보면 내공이 쌓인다. 처음에는 한두 잔만 마셔도 머리가 어지러웠던 사람도, 자주 차 자리를 갖다 보면 차의 양이 점점 늘어난다. 차 초보에 속하는 필자와 사진작가는 아직까지 차를 마시다 보면 몸이 보내는 신호를 느끼곤 한다. 먼저 약간의 어지럼증이 찾아오고, 손발이 떨린다. 가끔은 속이 헛헛한 것 같기도 하고 불타는 느낌이 들기도 한다. 그 정도가 심하진 않지만 카페인을 과다 복용했을 때 증상과 매우 비슷하다. 그럴 때 단 것을 먹어주면 증상이 빨리 진정된다. 그래서 일본 사람들은 차 자리를 가질 때 중간에 꼭 다과와 식사를 제공한다. 뱃속에 음식이 들어가면 차로 인해 나타나는 불편한 증상들이 완화되거나 사라지기 때문이다. 차가 좋다고 해서 무작정 욕심을 부렸다가는 큰코다칠 수 있다. 조금씩 천천히 차의 세계에 빠져들기 위해 꼭 알아야 할 차에 대한 기본 상식이라고 할 수 있다.

오래된 차는 그 희소성으로 인해 아주 고가에 거래가 된다고 한다. 짧게는 몇 년, 길게는 몇 십 년, 백 년을 훌쩍 넘긴 차도 있으니 부르는 것이 값인 경우도 있다. 하지만 '그 오랜 세월을 견뎌 온 오래된 차가 과연 지금까지 본연의 맛을 간직하고 있을까?' 하는 의문이 들었다. 원행 스님의 대답은 "세월과 함께 차 맛도 변한다."였다. 사람이 나이가 들면 생김새와 성격이 조금씩 변하듯이 차도 시간의 흐름에 따라 점차 맛이 변한다. 세월의 흐름 속에서 차는 때로는 더 순해지기도 하고 때로는 더 텁텁해지기도 하면서 서서히 변해 간다. 이런 것이 노차老茶의 매력이다. 어떤 때는 한 달 사이에 맛이 변하는 바람에 지난번에 마셨던 차가 이 차인지 저 차인지 헷갈릴 때도 있다. 그럴 때 차인들은 농담 삼아 "차가 미쳤다."라는 표현을 쓰곤 한다. 다행인 것은 원행 스님의 경험에 의하면 차 맛은 수시로 변하지만 차 맛이 더 나빠지는 일은 드물다고 한다. 세월에 순응하며 더 부드러워지고 순해지는 것이 대부분이다. 문득 이런 궁금증이 머릿속을 맴돌았다. '오늘 마셨던 차가 다음 차 자리에서는 어떤 맛으로 변해 있을까?'

사람이 나이가 들면
생김새와 성격이 조금씩
변하듯이 차도 시간의
흐름에 따라 점차 맛이
변한다. 세월의 흐름
속에서 차는 때로는
더 순해지기도 하고 때로는
더 텁텁해지기도 하면서
서서히 변해 간다. 이것이
노차老茶의 매력이다.

보리밥에는 열무김치

한 그릇 수북하게 퍼 담은 푸짐한 보리밥에 강된장과 열무김치에다 다양한 채소를 넣고 쓱쓱 비벼 놓으니 진수성찬이 따로 없었다. 밥을 비비는 동안에도 뭐가 그리 급한지 입 안 가득 군침이 돌아 우리의 숟가락질이 빨라졌다. 평소 원행 스님의 음식에 관심이 많은 조 선생은 만반의 준비를 해 두었다. 원행 스님이 들기름을 달라면 어느새 들기름이 스님 앞에 놓여 있었고, 스님이 깜빡 잊고 감자를 준비하지 않으셨다 말하면 껍질까지 다 벗겨 놓은 깨끗한 감자를 내밀었다. 그 덕분인지 오늘도 보리밥, 강된장, 오이냉국, 부추전, 고사리찜, 노각무침, 호박잎찜, 열무김치가 다투어 먹음직스러움을 자랑하고 있었다. 부추가 한창인 계절이라서 우리 속인(민간인)들을 위해 표고버섯과 느타리버섯, 감자를 갈아 넣고 부추전을 부쳐 냈지만 절에서는 오신채五辛菜 중 하나인 부추를 먹지 않는다고 한다.

우리는 한 달에 한 번 꼭 과식을 경험했다. 하지만 누구도 탈이 난 사람은 없었다. 허기가 들 때까지 차를 마셨고, 스님이 차린 밥상이 정갈했기 때문이다. 일단 사용하는 재료가 모두 신선했고, 음식의 간은 될 수 있는 한 순하게 맞췄다. 스님의 밥상이야말로 웰빙 식단이 아니면 무엇이겠는가. 이런 날은 다이어트쯤은 과감하게 포기해도 괜찮다.

도심 속에서 자연을 느끼다

우리가 찾아간 곳은 조금은 낯선 곳이었다. 정확하게 이야기 하자면 관봉 선생과 필자, 사진작가에게 그곳은 별천지였다. 입구부터 은은하게 풍겨 오는 커피와 차향이며, 옛 양반 가옥을 그대로 옮겨 놓은 것 같은 실내 분위기에 두 눈이 휘둥그레질 수밖에 없는 곳이었다.

그렇게 우리의 다섯 번째 차 자리는 청주 산남동에 자리 잡고 있는 찻집, 백비헌(白沸軒)에서 이루어졌다. 원행 스님과 깊은 인연이 있는 차인(茶人) 중 한 분이 운영하는 곳으로 차인들 사이에서는 사랑방으로 입소문이 나 있다고 한다. 그곳에 한 걸음 발을 들여 놓자 아무도 모르는 비밀 정원을 발견한 것처럼 꼭꼭 숨어 있던 명소를 발굴한 듯 성취감, 흐뭇함, 뿌듯함 같은 것들이 몰려왔다. 그곳은 낯설지만 반가웠다.

지극히 선한 것은 물과 같다(上善若水) - 반선긴차班禪緊茶

백비헌에는 차가 넘쳐 났다. 찻집이니만큼 멋스런 다기들과 다양한 차들이 진열돼 있었다. 그곳에서 차를 마실 수도 있고, 필요한 차와 도구를 살 수도 있다. 하지만 우리는 원행 스님이 며칠 전에 선물 받았다는 귀한 차를 마셨다. 차의 이름은 반선긴차班禪緊茶였다. 흡사 버섯 모양을 하고 있는 이 차는 달라이 라마와 함께 티베트의 정신적인 지도자였던 판첸 라마가 차창(차 공장)을 방문한 기념으로 만든 차이다. 티베트가 중국에 강제로 병합 당하고, 북경에 볼모로 머물러 있던 판첸 라마는 차 공장을 방문해 티베트 사람들을 위한 좋은 차를 만들어 달라고 요청했다. 이에 1986년 중국 당국은 판첸 라마의 이름을 딴 반선(판첸을 한자로 쓰면 반선이 된다.)긴차를 생산한다. 당시 반선긴차를 주로 마셨던 사람들은 중국 사천성과 서장西藏의 티베트 사람들로, 그들에게는 차를 오래 묵혀 마시는 전통이 없었다. 대부분이 차가 생산되는 대로 바로 소비했기 때문에 지금까지 남아 있는 잘 발효된 진짜 반선긴차를 맛보기란 쉽지 않은 일이다. 우리는 이번 차 자리에서 그 어려운 기회를 얻게 된 것이다.

반선긴차는 상선약수上善若水를 떠오르게 하는 맛이었다. 분명 특별하고 좋은 차지만 거의 물에 가까운 순한 맛이 났다. 원래의 맛이 그러하기도 하지만 때로는 어떻게 보관하느냐에 따라 맛이 달라지기도 한다. 스님에게 반선긴차를 선물한 분은 차를 대나무 바구니에 담아 잡냄새가 없는 깨끗한 방 농 위에 이십 년 가까이 올려 두었다고 한다. 그곳에서 여름이면 습기를 머금고 겨울이면 바짝 마르며, 계절을 이겨 내고 자연스럽게 발효가 되면서 떫고 쓴맛이 사라졌다. 대부분의 차는 세월이 갈수록 순해진다. 하지만 순해지더라도 특유의 향과 맛은 남게 되는데, 스님이 가져온 반선긴차는 농 위에서 여러 해를 보내면서 무미無味에 가까운 맛으로 변하고, 따뜻하고 편안한 성질만 남았다. 한마디로 몸에는 선하고, 입에는 순한 차가 된 것이다. 입에서는 순하고 부드럽기만 한 것 같은데, 몇 잔의 차를 마시자 온몸에 따뜻한 기운이 돌면서 기분 좋은 땀이 흠뻑 났다.

모방은 창조의 어머니 – 방문징명 산수화倣文徵明 山水畵

오늘 차 자리에 걸린 그림은 문징명文徵明이라는 전설적인 문인이 그린 산수화를 청나라 말기 서화와 전각으로 이름을 떨쳤던 관념자管念慈라는 사람이 모사(倣, 방)한 것이다. 원행 스님이 백비헌 차 자리에 특별히 산수화를 선택한 데에는 나름의 이유가 있었다. 비록 백비헌이 도심 속 숨은 명소로 여유를 느낄 수 있는 곳이기는 하지만 그곳에서 창을 통해 내다보는 세상은 온통 각진 건물들뿐. 스님은 그림을 통해 서나마 산과 들, 둥글고 원만한 자연을 느끼며 삭막한 도시 풍경에 지친 몸과 마음

반선긴차는
상선약수를
떠오르게 하는
맛이었다.
분명 특별하고
좋은 차지만 거의
물에 가까운
순한 맛이 났다.

에 휴식을 얻기를 바랐기 때문이다.

　옛날 중국을 비롯한 한자 문화권에서는 훌륭한 화가의 그림을 모작하는 것에서부터 그림 공부를 시작했다. 좋은 그림을 따라 그리면서 그 그림에 담겨 있는 화가의 예술 정신을 느끼고 배우는 것이다. 그런 과정 속에서 때로는 원작보다 더 뛰어난 모작이 탄생하기도 했다. 지금도 세계적인 박물관이나 미술관에 가보면 명작을 모사하는 화가들의 모습을 종종 볼 수 있다. 물론 개인적인 이익을 취하기 위해 상업적인 모작을 하는 경우도 있기 때문에 모작에 대한 부정적인 인식이 있는 것도 사실이다. 하지만 동양의 문인과 화가들에게 모작은 그림에 대한 기초를 튼튼히 하고, 나름의 재해석을 통해 자신의 예술성을 키워 나가는 방법이었다.

　문징명은 그림과 글씨에 능하고 학문에도 뛰어났다. 그의 아들인 문가文嘉도 문인이자 서화가로 대단한 칭송을 받았다. 문징명과 문가 부자는 사재를 털어 정운관停雲館이라는 건물을 짓고, 그곳에서 역대 유명한 글씨들을 모아 판각 작업을 하고 책을 만들었다고 한다. 아버지와 아들 모두 학문과 예술에 대한 열정이 한없이 뜨거웠던 사람들이다. 산수화를 모사한 관념자는 청나라 말기에 그림과 글씨, 전각으로 이름을 떨쳤던 사람이다. 황제였던 광서제의 부름을 받고 황궁에서 활동했으며 황제가 사용한 다수의 새인璽印(옥새와 도장)이 그의 손에서 나왔다. 본래 횡산초객橫山樵客이라는 호를 사용하다가 광서제로부터 연암蓮盦이라는 호를 하사 받았다. 그림에

江上玄帆遲 余家藏有文衡山。
是本, 濃而不滯, 淡而不薄。
用筆秀挺, 天然意趣, 今背摹。
此意工拙, 有所不計也。
時丁亥涂月上浣 雪峪(?) 無聊(?) 乘
奧呵凍作此。古吳橫山舊主

외진 정자는 하늘을 향해 활짝 열려 있고
강 위에 검은 돛단배는 천천히 흘러가네.
우리 집에는 문징명의 그림이 보관되어
있다. 이 그림은 색이 짙은 듯하면서도
답답하지 않고, 성긴 듯하면서도 가볍지
않다. 붓놀림은 빼어나게 특출 나고
천연스러운 뜻과 멋이 있어 이제 옮겨
그려 놓는다. (옮겨 그린 그림의) 이
정취가 뛰어난지 서툰지는 따지지
않기로 한다. 때는 정해년 음력 12월
상순이며, 雪峪(?) 無聊(?) 乘 추위를
웃어넘기며 이것을 그렸다.
옛 오나라 땅 횡산의 옛 주인 씀.

←

는 두 개의 화제(畫題, 그림에 써 넣은 문장)가 있다. 하나는 그림을 모사하게 된 내력을 쓴 것으로 횡산구주라 쓰고 낙관한 것으로 보아, 황궁에서 활동하기 이전에 그림을 모사했음을 알 수 있다. 나머지 하나는 꿈속에서 시 구절을 얻고 자리에서 일어나 쓴 것으로 연암이라 쓴 것으로 보아, 황제로부터 호를 하사받은 후에 화제를 썼음을 알 수 있다.

방문징명倣文徵明 산수화山水畵는 종이가 아닌 비단에 그린 그림이다. 천연 안료를 사용해서 높은 절벽과 폭포, 정자와 소나무, 강을 바라보고 있는 사람을 그려 넣었다. 절벽이 얼마나 높은지 절벽 중간에 구름이 걸려 있고, 그 절벽에서 거대한 폭포가 떨어지는 모습이 웅장하다. 반면 그림 속의 사람은 눈을 크게 뜨고 봐야지만 보일 정도로 아주 작게 그렸다. 제아무리 사람이 가진 능력이 뛰어나더라도 위대한 자연 앞에서는 한없이 작은 존재라는 의미가 담겨 있지 않을까 생각했다. 물론 그림을 바라보는 이의 해석은 저마다 다를 수 있다. 한 폭의 그림 속에도 상상하기에 따라 수없이 다양하고 재미있는 이야기들이 존재한다.

단니 사각 화로 _ 1924년

중화민국 초기 진정화陳鼎和가 만들고 오한문吳漢
文이 각刻을 한 사각 화로이다

묵니 반야심경 포구호 _ 1920년대

1920년대 만들어진 호로 자사에 망간을 섞어서
빛깔이 검다. 표면에 반야심경이 새겨져 있다. 호
의 주둥이 부분을 대포처럼 만들었다고 하여 포구
砲口라고 한다.

백자 장유 생애일발각 퇴수기 _ 명말청초

스님들의 식기인 발우鉢盂이다. 명나라 후기에서 청나라 초기에 만들어졌으며 백자에 장유醬釉를 입혔다. '생애일발生涯一鉢'이라는 글씨가 새겨져 있다.

청화 백자 잔, 죽제 연엽형 잔 받침 _ 명나라

좋은 흙을 사용하여 종이나 플라스틱처럼 가볍다. 잔 받침은 대나무로 만들었으며 연잎 모양이다.

찻상 _ 조선 시대

조선 시대에 만들어진 향탁으로 사당에서 향로를 올려놓는 탁자로 사용했다.

청담이 오가는 자리

차 자리는 청담淸談이 오고가는 자리여야 한다. 국어사전을 보면 청담淸談은 "명리名利를 떠난 맑고 고상한 이야기"라고 정의하고 있다. 청담을 어렵게 생각할 필요는 전혀 없다. 맑고 고상하다는 표현이 부담스럽게 느껴질 수도 있지만 우리의 평범한 삶도 충분히 고상한 이야기가 될 수 있다. 농사짓는 농부는 농사를 지으며 배우고 느낀 바를 이야기하고, 공장 노동자는 공장에서 일하면서 느끼는 모든 것을 진솔하게 이야기하면 되는 것이다. 각자의 삶을 통해 얻은 바를 자연스럽게 주고받는 것이 바로 청담이다. 그런 청담들 속에는 우리가 모르는 많은 배움이 숨어 있다. 학문이 높고, 재산이 많고, 힘 있는 사람들의 이야기만이 교훈이 되는 것은 아니다.

원행 스님이 중국 고사故事에 나오는 포정庖丁이라는 백정의 이야기를 들려주었다. 어느 마을에 소문난 백정이 있었다. 19년 동안 매일같이 소 잡는 일을 하는데도 불구하고 그의 칼은 늘 날이 상하지 않고 멀쩡했다. 소의 살과 뼈를 발라내고 분류하는 일은 분명 거친 작업일 터인데, 칼날이 항상 새것같이 유지되는 것이 이상한 일이었다. 이를 신기하게 여긴 임금이 어느 날 백정에게 칼날이 상하지 않는 이유를 물었다. 그랬더니 백정이 대답하기를 자신의 눈에는 근육과 뼈 사이, 근육과 근육 사이의 틈이 보인다는 것이다. 자신은 그 틈으로 칼을 넣었을 뿐 억지로 힘을 써서 자르거나

끊으려 하지 않기 때문에 칼날이 상할 이유가 없다는 것이다. 타인이 보기에 천한 일을 하는 것 같아도 이런 경지에 이르렀다면 그 사람은 이미 도인道人이나 다름없다.

농림부 장관도 농사일은 농민에게 물어봐야 한다. 자동차 회사 사장도 차가 고장 나면 정비 공장 노동자의 도움을 받아야 한다. 높은 직위와 많은 재물이 전문성을 가져다주지는 않는다. 전문성은 집중하고 노력하며 포기하지 않는 사람만이 얻을 수 있다. 어떤 분야든 전문성을 가지고 있는 사람들은 다른 사람들이 미처 보지 못한 것이나 놓치기 쉬운 것들을 볼 수 있다. 그리고 충고하거나 격려할 수 있다. 진정한 청담은 뜬구름 잡는 이야기가 아닌 삶의 지혜와 인생의 무게가 실린 이야기다. 평범하고 사소할지라도 노력하는 삶의 모습이 담긴 누군가의 인생 이야기는 세상에서 가장 맑고, 고상하다.

차인들의 사랑방, 백비헌

백비헌은 1층은 차와 커피, 2층은 차를 마시면서 차에 대해 이야기하고, 차에 대해 공부할 수 있는 공간으로 꾸며져 있다. 고풍스러운 인테리어와 다양한 차, 다기들이 준비되어 있어 차회茶會를 갖기에 더 없이 좋은 곳이다. 백비헌의 박 대표는 원행 스님과의 인연으로 차에 관심을 갖게 되었고, 차의 매력에 빠져 차인의 길에 들어섰다고 한다. 지금도 차에 대한 열정이 누구보다 뜨거워서, 차에 대한 공부는 물론 차 애호가들을 위한 많은 활동에도 참여하고 있다. 단순히 이익을 추구하기 위함이 아니라 우리나라의 차 문화 보급에 작은 힘이라도 보태기 위해 노력하는 차인이다.

청주는 차에 관심을 가지고, 차를 마시는 사람들이 빠른 속도로 늘고 있는 지역이다. 백비헌은 이런 청주지역 차인들의 사랑방 역할을 톡톡히 하고 있다. 차와 커피를 동시에 마실 수 있는 공간을 만든 박 대표의 도전은 평범한 선택이 아니었다. 많은 사람이 차와 커피는 공존할 수 없는, 경쟁 관계로 인식한다. 이런 고정관념이 팽배하다 보니 한 건물 안에서 커피와 차를 동시에 취급하는 것에 대해 부정적인 시선으로 보는 사람들도 있다. 하지만 차와 커피는 기호음료이다. 서로 배척할 이유가 전혀 없다. 백비헌에 커피를 마시러 왔다가 오히려 차에 더 관심을 갖게 된 사람들도 적지 않다고 한다.

이슬람에서는 술을 금지한다. 그러다 보니 차와 커피가 일상 속 깊숙이 뿌리 내리고 있다. 차와 커피가 상호 보완 관계를 맺고 있다. 이슬람교도들은 우려낸 차에 박하와 여러 가지 향신료를 넣고 설탕을 듬뿍 넣어 달콤하게 마신다. 커피도 진하고 달게 마신다. 그렇게 진한 커피와 단차를 함께 마시는 것이 전혀 이상한 일이 아니다. 이슬람교도들에게는 오래된 일상적인 전통이라고 한다. 차와 커피는 경쟁하고 배척하는 사이가 아니라 서로의 부족한 부분을 채워 주는 친구가 될 수 있다.

미역국의 변신, 옹심이

오늘 원행 스님이 준비한 특별한 밥상 메뉴는 감자만두와 옹심이 미역국이다. 한창 감자가 나오는 시기에 맞춰 계절 별미를 준비했다. 먼저 감자를 강판에 갈아 놓고, 묵은 김치에 가볍게 양념을 해 소를 만든다. 그리고 만두피가 아닌 갈아 놓은 감자에 김치소를 넣고 조물조물 만져 만두를 만든다. 고난도의 기술이 필요했다.

옹심이 미역국은 서양의 수프soup와 비슷한 형태다. 여름 장마철에 입맛은 없고, 속은 출출할 때 상에 올리면 좋을 듯했다. 들기름에 미역과 표고버섯을 달달 볶고 물을 부어 오래 끓이면 뽀얀 국물이 우러난다. 여기에 찹쌀가루를 반죽한 옹심이를 넣으면 담백한 옹심이 미역국이 완성되는 것이다.

절에서도 여름철이면 감자 옹심이를 자주 만들어 먹는다고 한다. 장대 같은 비가 내리는 날 노스님이 넌지시 "오늘 같은 날, 기름 냄새 좀 맡으면 좋지!"라고 말씀하시면 그날은 감자로 전을 부치고, 옹심이를 만드는 날이다. 젊은 스님들이 두어 명씩 조를 짜고 모여 감자를 갈아 감자 옹심이를 만들고, 한쪽에서는 감자전을 부치고, 또 다른 한쪽에서는 상추 대를 두들겨 얇게 밀가루 옷을 입혀 들기름에 노릇하게 구워 낸다. 비 오는 날, 절집에서 볼 수 있는 맛난 풍경이다.

다연 茶緣

원행 스님과 차 자리를 갖다 보면 자주 설곡(雪谷) 스님에 대한 이야기를 듣게 된다· 서화가(書畵家)이며 차인인

설곡 스님은 원행 스님과 각별한 인연을 맺고 계신다· 그래서 원행 스님이 차나 그림에 대한 이야기를 할 때 설곡

스님이 자주 등장한다· 설곡 스님의 곁을 지키며 함께하는 시간이 적지 않음을 알 수 있다· 함께 차인의 길을

걸어가는 분들 가운데 원행 스님이 가장 존경하는 분이 바로 설곡 스님이 아닐까 감히 짐작해 본다·

우리는 여섯 번째 차 자리를 위해 설곡 스님이 계신 청주 내원사(內院寺)를 찾았다· 한여름 무더위가 위세를

떨치는 길이었지만 수고로움 보다는 설렘이 앞섰다· 설곡 스님을 통해 마주하는 차의 세계는 어떠할까?

차
마
시
고

한 잔의 차에 인품과 지성을 건다 – 녹차, 오룡차

설곡 스님은 직접 만든 녹차와 1960년에 대만에서 만든 수제 오룡차를 준비하셨다. 1960년? 수제? 라는 말에 조금은 들뜬 마음으로 스님의 오룡차를 마셨다. 역시 세월의 깊이만큼이나 맛과 향이 뛰어난 차였다. 설곡 스님은 당신이 이 세상에 살아 있다는 것을 표현하고 증명할 수 있는 일이 바로 차를 대접하는 일이라고 하셨다. 차를 달이고, 차를 통해 사람들과 소통하고 만나는 일은 스님의 가장 행복한 일상이자 삶의 가치를 높여 주는 일이라고 하셨다. 그래서 요즘은 차 자리를 마련해 놓고, 함께할 누군가를 기다리는 것이 일이 되셨다고 한다. 이번에는 우리가 스님의 일을 조금 덜어 드린 셈이다.

설곡 스님은 차와 그림 공부를 위해 대만과 영국에서 오랫동안 유학 생활을 하셨다. 유학 시절 대만에서 인연 맺은 지인이 있어서 스님께 좋은 차를 자주 보낸다고 한다. 지인이 보낸 차가 도착하면 설곡 스님은 인연 있는 차인들에게 좋은 차가 왔으니 마시러 오라고 연락을 하신다고 한다. 그 귀한 자리를 마다할 사람이 누가 있을까 싶지만 막상 차 마시러 오라고 초대를 해도 이런저런 이유 때문에 오지 못하는 경우가 많다고 한다.

“이해는 합니다. 사는 것이 그 만큼 바쁘기 때문에 가정, 직장, 먹고사는 일에 매달리다 보니 마음 편히 차 한 잔 마실 여유가 없다는 것을…… 그렇지만 제아무리 재물이 많아도, 마음에 여유가 없다면 진정한 부자가 아닌 것을!”

설곡 스님은 여유는커녕 일과 시간에 쫓겨 정신없이 살아가는 요즘 사람들이 안타깝다고 하셨다. 스님이 차 자리를 펼쳐 놓고 가장 기다리는 손님은 원행 스님이다. 연배는 훨씬 아래지만 차인으로서의 모습이 마음을 사로잡았다고 한다.

“차를 마시며 이야기를 나누다 보면, 인품이 보이고 지성이 보입니다.”

미술사를 전공하신 설곡 스님 못지않게 원행 스님이 미술에 대한 조예가 깊은 것도 마음에 들었다고 한다. 당신이 운만 떼우면 이야기를 술술 풀어가는 능력을 갖추고 있으니 차 자리가 즐겁고 풍요로울 수밖에 없다. 많은 사람이 차 자리에서 즐기는 이야깃거리는 바로 세상 돌아가는 이야기다. 특히 남의 이야기가 그중 최고의 소재가 된다. 하지만 누구는 어떻고, 누구는 그렇더라 하는 식의 이야기는 진짜가 아닌 경우가 많다. 그런 이야기는 차 맛을 떨어지게 한다. 원행 스님과는 그런 이야기를 나누지 않아도 되기에, 설곡 스님은 원행 스님이 조금 더 자주 발걸음하길 바

30여 년 전 설곡 스님이 대만 유학 시절 직접 만든 오룡차

라고 계신 듯하다. 설곡 스님의 말씀이 오랫동안 귓가를 맴돈다. "차인은 한 잔의 차에 인품과 지성을 건다."

겉절이와 묵은지의 차이

설곡 스님은 1972년부터 지리산 자락 화개골에서 차를 만들었다고 한다. 당시 동네 아주머니들에게 약간의 수고비를 드리면 온종일 찻잎을 따 주었다고 한다. 낮에는 섬진강 가를 거닐며 시간을 보내다가 아주머니들이 찻잎을 가져오면 그때부터 늦은 밤까지 차를 볶고 또 볶았다고 한다.(차를 덖는다고 하지 않고 볶는다고 한 이유는 뒤에 설명하겠다.)

> "그때만 해도 우리나라에서 생산되는 차는 재배차가 아니었습니다. 산 중턱 여기저기에 칡넝쿨과 함께 뒤엉켜 있는 야생 차나무에서 찻잎을 따는 것이었지요. 동네 장정들이 칡넝쿨을 대충 걷어 놓으면, 아주머니들이 나서서 찻잎을 따오고, 그 찻잎을 늦은 밤까지 볶아 냈어요."

> 차를 만드는 과정이 설곡 스님께는 아주 즐거운 일이었다. 그렇게 10여 년을 봄

만 되면 지리산 자락 하동에서 차를 만들다가 그림 공부가 하고 싶어서 1983년 대만으로 유학을 떠난다. 처음 대만에 갈 때는 당신이 직접 만든 차를 가지고 가셨다고 한다. 2년 정도 지나자 만들어 간 차가 바닥이 났다. 한국 차를 구할 방법이 마땅치 않자 스님은 이왕 여기까지 온 김에 이번에는 중국차를 마셔 보자고 생각하셨다고 한다. 처음에 반발효차를 마셨는데 당황스러움을 금치 못하셨다고 한다. 탕색(차의 빛깔)과 향, 모든 것이 이상했다. 차의 종주국이라 불리는 나라에서 썩은(?) 차를 마시고 있다는 생각에 적잖은 충격을 받으셨다고 한다. 그렇지만 한국 녹차를 구할 길은 없고, 차는 마셔야겠고, 어쩔 수 없이 발효차를 계속 마셨는데, 시간이 지나면서 점점 발효차에 익숙해지셨다고 한다. 그리고 어느 순간부터는 아예 녹차를 멀리하게 되었고, 설곡 스님은 깨달으셨다.

'발효차가 묵은지라면 녹차는 겉절이구나!'

설곡 스님은 당신이 "우물 안 개구리"였다고 이야기하셨다. 묵은지와 겉절이는 맛의 차원이 다르다. 비교 대상이 아닌 것이다. 묵은 김치는 묵은 김치대로, 겉절이는 겉절이대로 맛의 특징이 명확하게 구분된다. 선호도도 마찬가지다. 이것을 스님은 이렇게 말씀하셨다.

"묵은지의 깊은 맛을 좋아하는 사람들이 있는가 하면, 겉절이의 싱싱함을 더 좋아하는 사람들도 분명 있습니다. 마찬가지로 어떤 차가 더 '좋다, 나쁘다, 맛있다, 맛없다.'를 이야기하는 것은 의미가 없어요. 그저 묵은지는 묵은지고, 겉절이는 겉절이일 뿐이지요."

차는 온도가 중요하다

설곡 스님의 차에 대한 이런저런 이야기를 듣다 보니 시간은 어느새 밤으로 흘러가고 있었다. 뜨거웠던 오후 햇살이 내려앉고 서늘한 산그늘이 내려올 때쯤, 우리는 점점 더 설곡 스님과 함께 하는 차 자리에 빠져들었다. 일본 녹차에 대한 이야기를 나누던 중 차를 만들고 마시는 데 있어서 온도가 매우 중요하다는 것을 알게 되었다.

"일본 사람들이 차를 많이 마시는 이유는 아미노산을 섭취하기 위해서예요. 일본은 아마노산이 결핍되어 있는 민족이고, 녹차에는 질 좋은 아미노산이 많이 들어 있지요. 그래서 녹차를 즐겨 마시는데 아미노산이 열에 약하거든요. 그래서 차를 재배할 때도 차광막을 쳐 놓습니다. 그렇게 하면 햇볕을 덜 받아서 잎이 부드럽고 연약해지죠. 그럼 어떡해야 할까요? 부드럽고 여린 잎으로 만든 차를 우려 마셔야

하기 때문에 차를 우려낼 때 반드시 물을 식혀야 합니다."

하지만 우리나라는 다르다. 우리는 햇빛을 강하게 받은 차를 마신다. 찻잎을 솥에 볶은 부초차釜焦茶를 즐겨 마시는데 이 부분에서 설곡 스님께서 음식을 볶는 것과 덖는 것의 차이를 물어오셨다. 글 쓰는 일을 직업으로 갖고 있는 필자도 쉽게 대답하기 어려운 질문이었으나 설곡 스님께서 명확하게 설명을 하셨다.

"음식을 예를 들어 설명하자면 깨와 콩은 볶는 것입니다. 냉장고에 넣었던 전이나 부침개를 살짝 데우는 것은 덖는 것이지요. 볶는 것과 덖는 것의 가장 큰 차이는 온도예요. 즉 부초차는 고온에서 찻잎을 볶아야 하지요. 차는 냉성 식물이기 때문에 그냥 먹으면 냉한 기운이 우리 몸에 축척됩니다. 가끔 차를 마시다 보면 약간 매운 맛이 나는 차가 있는데 그런 차는 마시면 마실수록 속이 알싸한 느낌이 들어요. 차를 만드는 과정에서 냉기를 잡지 못했기 때문입니다. 그 냉한 기운을 잡기 위해 고온에서 잘 볶아서 중성 식품을 만들어야 해요. 그렇게 만든 차가 잘 만든 차라고 할 수 있고, 이런 차는 펄펄 끓는 물을 부어도 떫거나 쓰지 않습니다."

여름 화로와 겨울 부채

설곡 스님의 차실에는 다기에 문외한이라고 해도 탐이 나는 물건들이 여럿 눈에 띈다. 고운 빛깔에 우아한 모양새도 모양새지만 특이한 그릇들도 보였다. 그중 어떤 것들은 깨져서 아무렇게나 버려진 것을 스님이 주워오신 것도 있다고 한다.

"왕충王充이라는 사람이 쓴 『논형論衡』이라는 책에 하로동선夏爐冬扇이라는 말이 나옵니다. 여름 화로와 겨울 부채라는 뜻으로 소용이 없는 말이나 재주를 비유할 때 쓰는 말이지요. 하지만 여름의 화로는 장마 질 때 습기를 말리는 데 쓰고, 겨울 부채는 불을 붙이는 데 쓰면 됩니다. 이 세상의 만물은 심지어 여름밤 우리를 괴롭히는 모기 한 마리까지도 모두가 평등합니다. 존재한다는 것만으로도 이미 가치를 지니고 있기에 함부로 대해서는 안 되는 것이지요. 물건도 마찬가지예요. 어떤 물건이 필요 없다고 해서 내다 버리는 이가 있는가 하면, 그 물건이 꼭 필요해서 찾아다니는 사람도 있어요. 가치는 정찰제가 아닙니다. 누가, 어떻게 쓰느냐에 따라서 얼마든지 달라질 수 있는 것이지요! 깨진 그릇 조각도 주인을 만나면 나름의 쓰임이 생깁니다."

　　세상 만물의 가치에 대해 이야기를 나누다가 우리는 설곡 스님에게 재밌는 일화를 듣게 되었다. 스님이 대만에서 유학하고 있을 때 대만 차인 협회 회장이라는 사람이 스님을 찾아왔다고 한다. 차인들의 수장이라 불릴 만큼 유명한 차인이었는데, 어느 날부터 하루가 멀다고 설곡 스님을 찾아오기 시작했다. 나중에 알고 보니 이유가 있었다. 당시 차인들 사이에서 스님이 엄청난 명품 다기를 갖고 계시다는 소문이 났고, 그 사람은 스님이 가지고 있다는 다기가 궁금했던 것이다. 하지만 사실 설곡 스님이 갖고 계셨던 다기는 우리나라 돈으로 몇 천 원에 구입한 싸구려 다기였다. 비록 값비싼 다기는 아니었지만 차를 마실 때마다 정성 들여 매만지고 길을 들였더니 진짜보다 더 진짜같이 길이 들었던 것이다. 스님은 그 사람에게 다기의 실체에 대해 말해 주었다. 그런데 그 사람이 다기의 실체를 알고 돌아간 후 오히려 설곡 스님을 찾아오는 사람들이 더 늘었다고 한다. 스님의 손길이 스치면 싸구려 다기도 명품 다기로 변한다는 새로운 소문이 퍼지면서 다기를 선물로 들고 오는 차인들이 많아진 것이다. 그렇게 선물을 받아 길을 들인 자사호가 350여 개쯤 된다고 한다.

귀한 것을 귀하게 알아주는 사람에게 찾아온 약심배若深杯

『명담茗淡』이라는 책에 "차는 반드시 무이산의 차여야하고, 다호는 반드시 맹신이어야 하고, 잔은 반드시 약심이어야 한다(茗必武夷 壺必孟臣 杯必若深)."라는 구절이 있다. 중국 사람들이 차를 마실 때 최고로 치는 잔이 약심배若深杯라고 한다. 대단히 유명하고 귀한 잔으로 알려져 있는데 설곡 스님은 우연히 약심배를 얻게 되셨다고 한다.

설곡 스님이 유학 생활을 마치고 귀국한 후였다. 어느 해인가 통도사 주지 스님이 대만을 가는 데 동행을 청했다고 한다. 그 길에 따라나서 대만의 오래된 찻집을 몇 군데 들르게 되었는데, 한 찻집에서 약심배를 발견한 것이다. 처음에는 그것이 약심배인 줄 전혀 알지 못하셨다고 한다. 찻잔은 찻집 구석에 먼지를 뽀얗게 뒤집어쓴 상태로 방치되어 있었고, 남자 주인이 가져가고 싶으면 가져가라고 무심하게 말하는 것이 별것 아니겠구나 싶으셨다고 한다. 그때 옆에 있던 안주인이 찻잔을 공짜로 내주고 싶지는 않았는지 잔 한 개에 이천 원을 달라고 했다. 오래 고민할 필요 없이 설곡 스님과 통도사 주지 스님 그리고 또 다른 손님이 각각 다섯 개씩 개당 이천 원을 주고 그 잔을 사셨다고 한다.

한국에 돌아와서 원행 스님에게 잔을 보였더니 "스님 축하드립니다. 귀한 잔을 구해 오셨네요." 하더라는 것이다. 원행 스님의 이야기를 듣고, 이천 원에 사 온 잔이

안목 없는 주인의 관심
밖으로 밀려난 자신을
먼지 더미 속에서
꺼내준 사람, 귀한 것을
귀하게 알아볼 줄 아는
사람이기에 약심배가
스스로 스님을 찾아온
것은 아닐까?

약심배라는 것과 쉽게 구할 수 없는 귀하디귀한 잔임을 알았다고 한다. 서예에 문방사우文房四友가 있다면 중국 다도에는 팽다사보烹茶四寶가 있는데, 약심배는 바로 그중 하나였던 것이다. 그런 귀한 잔을 단돈 이천 원에 주워(?) 왔으니 '스님은 참 운도 좋으시구나!' 생각할 수도 있다. 하지만 설곡 스님의 이야기를 들으며 잔이 사람을 알아본 건 아닐까 하는 생각이 들었다. 안목이 없는 주인의 관심 밖으로 밀려난 자신을 먼지 더미 속에서 꺼내 준 사람, 귀한 것을 귀하게 알아볼 줄 아는 사람이기에 약심배가 스스로 스님을 찾아온 것은 아닐까? 우연인 듯, 필연인 듯 그렇게 설곡 스님의 삶은 차와 뗄 수 없는 깊은 인연으로 이어져 있는 것 같다.

지성을 가꾸는 일상

偶來松樹下(우래송수하)

高枕石頭眠(고침석두면)

山中無曆日(산중무력일)

寒盡不知年(한진부지년)

소나무 아래 와서

돌베개 높이 베고 잠을 잔다네.
산중에는 달력이 없어
추위 다 지나갔어도 해가 바뀐 줄 모른다네.

태상은자 太上隱者

설곡 스님께서 마지막으로 우리에게 하신 말씀은 지식이 아니라 지성을 가꿔야 한다는 것이다. 앞에서 소개한 시는 시간의 관념이나 속박에서 벗어나 아무런 구애도 받지 않고 살아가는 자유로운 삶을 노래하고 있다.

"옛날에는 달력만 없어도 자유를 느낄 수 있었는데 요즘 현대인들의 삶은 어떠한가요? 손바닥보다도 작은 스마트폰의 노예가 되어 감옥 아닌 감옥살이를 하고 있습니다."

스마트폰이 무조건 나쁘다는 것은 아니다. 너무 많이, 너무 자주 들여다보는 것에 대한 부정적 시선이 있기는 하지만 전반적으로는 우리 일상에 편리함을 가져다주고 있는 것도 사실이다. 전화 통화와 문자 메시지 외에도 인터넷을 이용한 검색이 가능해지면서 세상의 모든 정보와 지식을 간편하게 열어볼 수 있게 되었다. 하지만

설곡 스님은 지금 시대를 사는 현대인들에게 진정으로 필요한 것은 지식이 아니라 지성이라고 하셨다. 손가락만 움직이면 쏟아져 나오는 지식과 정보의 홍수 속에서 진짜와 가짜를 걸러 내고, 진짜를 내 것으로 만들 수 있는 지성을 가꿔야 한다는 것이다.

"예전에는 가까운 지인들 전화번호는 자연스럽게 머릿속에 입력이 되어 있었습니다. 그런데 이제는 가족의 전화번호조차 기억하지 못하는 경우가 많지요. 스마트폰이 알아서 기억하기 때문이에요. 하지만 만약 아무도 없는 낯선 곳에서 스마트폰을 잃어버린다면 어떻게 될까요? 나를 대신해 모든 것을 기억하는 스마트폰이 사라지는 순간, 나도 사라지게 되는 것입니다. 영영 길을 잃고 헤맬지도 모르는 일이지요."

설곡 스님은 가끔 신도들과 산행을 하시는데, 산을 오르다 잠시 쉬어 가는 시간에 한시를 한 수씩 읊으신다고 한다. 한번은 시를 읊조리는데 중간에서 다음 구절이 떠오르지 않아 무한 반복을 하고 있었다고 한다. 그때 옆에 있던 신도가 스마트폰을 이용해 시를 검색했는데, 결과는 빠르고 정확했다. 스님은 그런 빠른 검색 결과가 그저 반갑지만은 않으셨다고 한다. 쉽게 온 것은 쉽게 가는 법. 설곡 스님이 잠시

잊어버렸던 구절은 어느 날 문득 떠오를 수도 있지만 스마트폰으로 고민 없이 손쉽게 검색한 내용은 그만큼 쉽게 잊힐 것이기 때문이다.

빠르고 정확한 정보, 다양하고 광범위한 지식이 넘쳐 나는 시대. 설곡 스님은 다시 한 번 강조하셨다.

"우리는 더 좋은 스마트폰을 구입하기 위해 노력할 것이 아니라

더 나은 인성과 지성을 가꾸기 위해 노력해야 합니다."

국수는 스님을 웃게 만든다

내원사에서 준비한 밥상은 메밀국수와 감자전이었다. 국수는 스님들이 좋아하는 음식으로 보기만 해도 좋아서 웃는다고 하여 절에서는 승소僧笑로 부른다고 한다. 설곡 스님도 국수를 좋아해서 젊은 시절에는 한번에 팔 인분까지 드신 적도 있다고 한다.

쫄깃하게 삶은 메밀 면과 국물을 얼음과 함께 그릇에 담아 시원하게 내놓고, 고소하고 담백한 감자전을 곁들였다. 여기에 2년 된 묵은 김치가 깔끔하게 입맛을 잡아 주었다. 더위에 지친 몸과 마음의 피로를 말끔하게 씻어 주는 청량한 맛이 원행 스님표 메밀국수의 특징이다. 설곡 스님은 예전만큼은 아니지만 적어도 이, 삼 인분은 거뜬히 드신 것 같다. 물론 여섯 번째 밥상을 함께한 우리 역시 원래 양보다 더 많은 메밀국수를 눈치 보지 않고 맛있게 먹었다. 정말 시원하고 깔끔했다.

밀가루를 섞지 않고 감자만을 갈아서 소금으로 간을 하고, 들기름으로 구워 낸 감자전은 아주 부드럽고 고소했다.

소나무와 국화는 아직 남아 있다네

첫 번째 차 자리를 가졌던 것이 엊그제 같은데 겨울의 끝자락부터 시작된 우리의 인연은 어느새 봄과 여름을 거쳐 이제 가을을 맞이하고 있다.

오랜만에 찾아온 광제사의 하늘과 땅에는 가을의 향기가 짙게 배어 있었다. 무성하던 초목들은 서서히 가을빛으로 물들어가고, 연못의 연잎은 초록을 잃고 찬바람에 흔들리고 있었다. 오직 여기저기 피어 있는 국화들만이 찬바람에 아랑곳하지 않고 노랗고 붉은 빛깔을 뽐내고 있었다.

가을을 마시다 – 솔차

인삼차, 쌍화차, 매실차, 솔차, 쑥차, 구기자차 등 차茶를 대신하는 마실 거리를 '대용 차'라고 한다. 본래 차는 차나무의 잎으로 만든 마실 거리를 의미하는 것이었으나 세월이 지나면서 차를 대신해 마시는 여러 가지 음료에도 '차'라는 명칭을 붙이게 되었다. 원행 스님은 이번 모임에 노란 들국화를 띄운 솔차를 준비했다. 귀거래사歸去來辭의 한 문장인 "송국유존松菊猶存(소나무와 국화는 아직 남아 있다.)"의 의미를 새겨보고 싶었다고 한다.

이른 봄에 소나무의 새순과 잎을 따서 담근 솔차는 오래 묵을수록 좋다. 2년 정도 지나면 독한 맛은 모두 사라지고 깊은 향이 더해져, 물에 희석해서 마시면 아주 좋은 대용 차가 된다. 겨울에는 따뜻한 물에 희석하고, 여름에는 차가운 물에 희석해 마실 수 있어 계절에 따라, 취향에 따라 마실 수 있다. 특히 한 여름 무더위가 기승을 부릴 때 솔차를 얼음물에 타서 시원하게 마시면 더위가 가실 뿐만 아니라 기운이 솟기도 한다. 솔차에는 솔잎과 설탕이 발효되면서 생긴 미세한 알코올 성분이 들어 있다. 알코올을 분해하지 못하는 체질을 가진 사람이 솔차를 마시면 얼굴이 붉게 달아오르기도 한다.

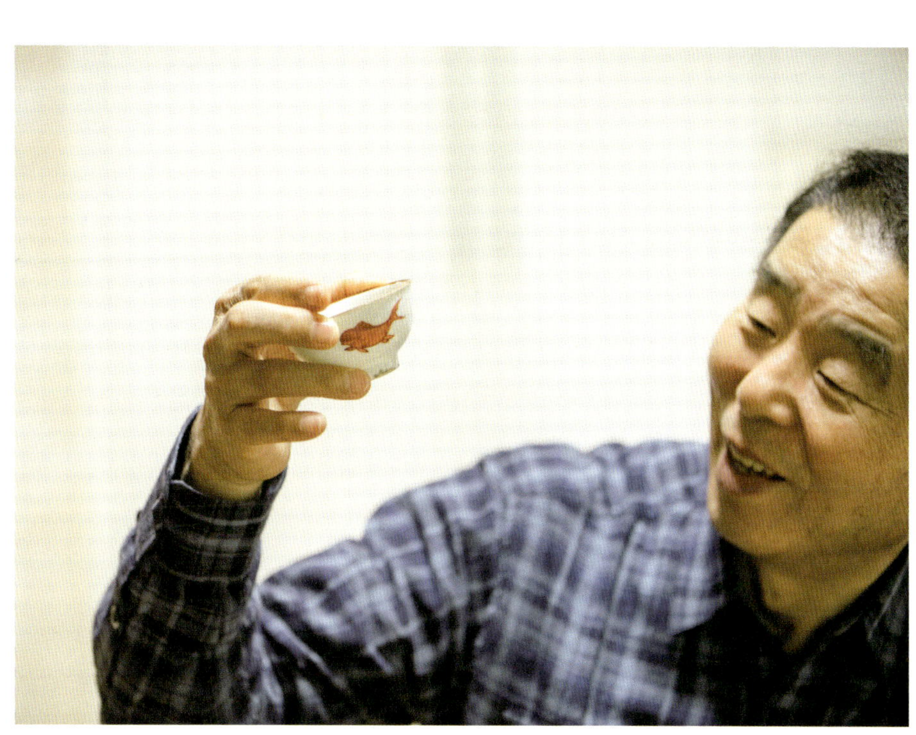

'원행 스님은 왜 솔차를 준비했을까?'

예로부터 음력 9월 9일을 중양절重陽節이라고 한다. 한자 문화권에서는 9를 가장 큰 양수陽數로 친다. 중양절은 바로 그 큰 양수가 겹쳤다는 뜻이다. 이때는 국화가 만발할 시기로 옛날 문인들은 중양절이 되면 머리에 국화를 꽂고, 높은 곳에 올라서 먼 곳을 바라보며 국화주를 마시는 풍습이 있었다고 한다. 원행 스님은 국화가 만발한 이때, 옛 문인들의 풍류를 본떠서 솔차에 노란 국화를 띄워 기분을 내려 하신 것이다. 계절을 마시고, 가을을 마시는 기분을 말이다.

미련과 욕심을 버려라

차 자리를 가질 때마다 보게 되는 원행 스님의 꽃꽂이는 늘 눈길을 사로잡는다. 어떤 공식이 있을 것 같아 비결을 물으니 스님은 그저 대충 꽂아 놓는다고 한다. 일본의 차 자리 꽃꽂이에서는 일단 화병에 꽃을 꽂으면 그 상태에서 몇 번 꽃을 움직여 적당한 모양새를 잡고 손을 놓는다고 한다. 꽃을 다시 뺐다, 넣었다 하지 않는다는 것이다. 이미 벌어진 일을 돌이킬 수 없듯이 가위질을 해서 내 손을 떠나 화병으로 던져 넣은 꽃에는 미련을 두지 않는다는 의미가 있다고 한다.

장유 고觚형 화병_송나라

"화병에 비해 꽃이 너무 높거나 많으면 풍성하고 화려해 보일지는 모르지만 안정감이 없어서 보는 사람을 불안하게 만듭니다. 또 색에 대해 욕심을 내지 않는 것이 좋아요. 차 자리에는 화려한 꽃꽂이 보다는 한두 가지 색으로 소박하고 단아한 멋을 낸 꽃꽂이가 어울리지요."

일단 화병에 들어간 꽃에는 미련을 두지 않는 것, 조금은 부족한 듯 보여도 욕심을 부리지 않는 것, 그것이 세상살이를 빗댄 스님의 꽃꽂이 비결이다.

귀거래사歸去來辭

도연명陶淵明

三經就荒 (삼경취황)

松菊猶存 (송국유존)

세 갈래 길은 (잡초가 무성해) 황폐해졌어도

소나무와 국화는 아직 남아 있다네.

유연견남산도悠然見南山圖_1646

국화를 주제로 차 자리를 마련한 원행 스님은 국화를 사랑하고, 무릉도원을 노래했던 도연명이 손에 국화를 들고 먼 산을 바라보는 그림을 준비해 두었다. 본래는 족자 형태의 그림이었으나 오랜 세월을 지나오면서 그림 곳곳에 균열이 생기고 훼손이 심해져 어쩔 수 없이 액자 형태로 새로이 장황糚潢(그림이나 글씨를 꾸미고 수리 재생하는 작업. 달리 표구 배접이라고도 한다.)했다고 한다. 얼핏 보면 그림은 "동쪽 울타리 밑에서 국화를 꺾고 멀리 남산을 바라본다(彩菊東籬下 悠然見南山)."라는 귀거래사의 한 부분을 그려 놓은 것으로 보인다. 그런데 그림에 써 놓은 문장 속에 그림의 의미를 완전히 바꿔 놓는 숨은 뜻이 담겨 있었다.

그림에는 崇禎丙戌春首 鳥爲道人(숭정병술춘수 조위도인)이라는 글이 쓰여 있다. 이 글 속에 화가가 도연명 그림을 그린 이유를 유추할 수 있는 단서들이 숨어 있다.

명나라 마지막 황제인 숭정제 재위 기간에는 병술丙戌년이 없다. 1644년 숭정제가 자금성 뒤쪽 경산景山에서 목을 매고 자결하면서 명나라는 멸망한다. 그 2년 후가 병술년이다. 당시는 새로운 왕조인 청나라가 막 중국 전역을 점령해 나가고 있는 상황이었다. 이런 상황 속에서 도연명의 그림을 그린 것은 단순히 자연에 은거하여 안빈낙도安貧樂道하겠다는 것이 아니라 새로운 왕조인 청나라를 섬기지 않기 위해 자연으로 돌아가겠다는 의지를 나타낸 것이다. "조위도인鳥爲道人"이라는 부분을 살펴보면 불사이군不事二君(두 왕조를 섬기지 않음.)의 은거가 더욱 확연히 드러난다.

와전문 자사호 _ 1924년

자사 명인 오운근吳雲根이 만들고 와룡거사臥龍居士가 와전문과 시구를 조각한 자사호이다. 옛날 기와와 벽돌에 새겨진 문양이나 글씨를 와전문瓦塼紋이라고 한다.

홍채 어문잔 _ 18-19세기

중국 발음으로 물고기 어魚자와 남을 여餘자의 발음이 같아서 물고기는 여유로움, 넉넉함을 상징한다. 또 많은 알을 낳기 때문에 다산을 상징하기도 한다. 붉은 색은 중국이나 한국에서 상서롭고 귀한 색으로 여기는데 붉은 색으로 물고기를 그린 것은 상서롭고 좋은 일이 넘쳐 나라는 의미를 담고 있다.

보통 그림을 그리고 나면 자신의 이름이나 호를 쓰고 낙관을 찍는다. 이 그림에서도 조위도인이라 쓰고 밑에 낙관을 찍었다. 즉 조위도인이 이 그림을 그렸음을 알 수 있다. 조위鳥爲라는 부분에서 그림을 그린 진정한 의미를 유추할 수 있다. 명나라 말 청나라 초기에는 조위鳥爲와 조위弔爲의 발음이 같았다. 즉 조위도인鳥爲道人은 조위도인弔爲道人으로도 읽을 수 있다. 조弔는 조문하다, 불쌍히 여기다, 마음 아파하다, 매달다 등의 뜻을 가지고 있는 글자이다. 그러므로 조위도인弔爲道人은 멸망한 명나라를 조문하는 사람 또는 명나라의 멸망을 마음 아파하는 사람, (숭정제를 따라) 목매달아 죽어야 마땅한 사람 등으로 해석 할 수 있다.

이상의 내용을 종합하면 명나라가 멸망한 지 2년 후인 병술년 이른 봄날, 명나라의 멸망을 마음 아파하며, 목매달아 죽어 마땅한 죄인이 두 왕조를 섬기지 않겠다는 의지의 표현으로 이 그림을 그렸다고 해석된다. 얼핏 보기엔 한가로이 자연에 은거하여 안빈낙도하는 삶을 표현한 것 같은 그림 속에 망국의 슬픔과 살아남은 자의 자괴감이 숨어 있다.

중국, 일본, 한국 차 문화의 시작

중국에서 일반 백성들이 차를 마시기 시작한 것은 당나라 때부터다. 물론 이전에도 차 문화가 있기는 했지만 상류층의 전유물이었다. 차가 일상화되는데 결정적인 역할을 한 것은 스님들이다. 당시 스님들은 차를 마시며 잠을 쫓곤 했는데 그러다 보니 잠만 쫓는 것이 아니라 차가 몸에 유익한 많은 작용을 하는 것도 알게 되었다.

스님들을 중심으로 퍼져 나가던 차 문화는 당나라 후기가 되면서 일반 백성의 생활 속으로 파고들어 중국 전역에서 대유행을 한다. 당시 차는 지금과 같이 우려마시는 것이 아니라 차를 덩어리로 만들어 불에 굽고, 그것을 다시 가루 낸 후, 펄펄 끓는 물에 가루 낸 차와 소금을 넣고 조금 더 끓여서, 국자로 떠 마셨다. 그 후 송나라 때부터는 소금을 넣지 않고 대나무 솔로 거품을 내서 마시는 말차抹茶(가루차)가 유행한다. 명나라가 건국되고 나서는 말차를 금지시켰다. 말차를 만드는 과정이 복잡해서 백성의 노고가 너무 많이 들어간다는 것이 이유였다. 이후 중국에서는 대부분 잎차를 다관에 우려 마시는 형태로 차 문화가 바뀌었다.

일본의 차 문화는 스님들에 의해 형성됐다고 해도 과언이 아니다. 많은 일본 스님들이 송나라에 유학하면서 중국 사찰의 차 문화를 접하고 배웠으며, 귀국할 때 중국의 차와 다기들을 가지고 돌아갔다. 이렇게 유학 승려들에 의해 일본으로 전해진 차 문화는 귀족들을 거쳐 일반 서민에게까지 광범위하게 전파된다. 시간이 지나면서 송나라의 화려한 차 문화에 반감을 가진 사람들에 의해 소박하고 단아한 차 문화가 만들어진다. 흔히 와비차侘び茶라고 하는 것이다. 이 와비차의 한가운데 조선의

차 사발이 있다. 일본 전통문화를 대표하는 다도茶道의 바탕에는 화려했던 송나라의 차 문화와 소박하지만 단아한 조선의 차 사발이 있다.

『삼국사기』에 보면 흥덕왕 3년(828)에 당나라 사신으로 갔던 김대렴이 차나무 씨앗을 가져와 지리산에 심었다는 기록이 있다. 이 내용을 근거로 우리나라에는 차가 없었고 이때 처음 차가 들어왔다고 주장하는 사람들도 있다. 하지만『삼국유사』에는 김대렴이 차 씨앗을 가져오기 60여 년 전인 경덕왕 때 충담사가 삼화령 미륵세존에게 매년 3월 3일과 9월 9일에 차를 끓여 공양을 올렸다는 내용이 있다. 또한 지금의 경남 김해에 해당하는 금관가야의 김수로왕에게 시집 온 인도 아유타국의 공주 허황옥의 폐백에 차나무 씨앗이 있었다고 한다. 지금도 김해에는 '장군차'라는 자생 차가 있는 것으로 보아 아주 허무맹랑한 이야기는 아닐 것이다. 이러한 여러 가지 기록을 볼 때 본래 우리나라에도 자생하던 차가 있었고, 김대렴이 중국의 차나무 씨앗을 추가로 가져다 심은 것이 아닐까 추측해 본다.

차의 대중화, 그 해답을 찾아서

중국과 일본에서는 일상화되어 있는 차 문화가 유독 우리나라에서만 제자리를 찾지 못하고 있다. 아직도 많은 사람들이 차는 일부 특수 계층만이 즐기는 고급문화라는 인식을 가지고 있다. 하지만 역사를 거슬러 올라가 보면 우리나라에서도 일상에서 차를 즐겨 마셨던 시절이 있었다.

고려 시대 궁중에는 다방군사茶房軍士라는 직책이 있었다. 임금의 차를 전담하는 군사로 임금의 행차가 있을 때 화로와 숯, 다기, 차, 찻물 등을 들고 따라다니며 수시로 임금에게 차를 끓여 대령했다. 또한 궁중에서는 중요한 의식이 있을 때마다 차를 마시는 전통이 있었다. 일반 관료와 서민에 이르기까지 차가 일상화 되어 있었고, 경조사에 차가 빠지는 법이 없었다. 관료나 그 가족이 사망하면 국가에서 대량의 차를 하사 했는데 아마도 그것은 문상 온 손님들을 접대하라는 의미를 담은 차였을 것이다. 상갓집에서 차로 손님을 대접할 만큼 차 문화가 일반화된 시기였다.

차 문화가 서서히 쇠퇴하기 시작한 것은 조선 건국 이후이다. 성리학과 함께 유입된 주자가례朱子家禮에 의거해 경조사와 접빈(손님 접대)을 진행하면서 자연스럽게 차 대신 술이 경조사와 접빈의 중심에 서게 되었다. 왕실에서 서민에 이르기까지 차가 하던 역할을 술이 대신하면서 우리 차 문화는 쇠퇴하고 겨우 명맥만을 유지하는 지경에 이르게 된다. 조선 후기 초의 선사와 다산 선생, 추사 선생을 비롯한 많은 문인들에 의해 잠시 차 문화가 부흥하는 듯했으나 왕조의 쇠퇴와 함께 차 문화도 다시 쇠락의 길을 걸었다.

우리 차 문화가 다시 고개를 들기 시작한 것은 1970년대부터다. 그 후 1990년대 중반까지 차 문화는 보여지는 것과 형식적인 것에 치우치게 되었다. 차와 관련된 행사장은 재력 있는 차인들이 유명 디자이너가 만든 한복을 입고, 고가의 다기들을 들고 나와 자랑하는 자리가 되었고, 화려함을 겨루는 패션쇼를 방불케 했다. 그 와중에 1990년대 중반부터 중국과 일본의 차 문화가 유입되고, 커피라는 강력한 라이벌이 등장하면서 한국의 차 문화는 정체되기 시작해 지금에 이르렀다.

제대로 격식을 갖춘 한국의 차 자리는 품위와 멋스러움이 묻어난다. 하지만 사람이 항상 격식을 갖추고 차를 마실 수는 없다. 차 문화의 대중화를 위해서는 누구라도 부담 없이 차를 마시고 즐길 수 있도록 만들어야 한다. 그러기 위해서는 사용하기 편리한 도구를 만들고, 간소하고 실용적인 행다법行茶法의 개발이 필요하다. 손님에게 차를 대접하기 위해 매번 한복을 갈아입을 수는 없지 않은가? 서민들 주머니 사정이 다 거기서 거긴데 수십, 수백만 원짜리 다기를 살 수는 없지 않는가? 커피가 사람들의 일상 속에 빠르게 자리 잡을 수 있었던 것은 사람들에게 부담을 주지 않고, 언제 어디서든 편하게 마실 수 있다는 것이 크게 작용했다고 생각한다.

또한 차 자리에는 즐거움이 있어야 한다. 옛 조상들이 차와 함께 풍류를 즐겼던 것처럼 다양한 문화 예술과 결합해서 차 자리가 즐거운 문화 놀이터가 될 수 있는 콘텐츠를 개발해야 한다. 격식보다는 내용에 충실한, 편안하고 즐거운 차 문화를 만들어 간다면 차가 커피를 추월하지 말란 법도 없다.

가을 향이 가득한 버섯의 향연饗宴

일곱 번째 밥상은 가을 향이 진하게 배인 건강식으로 차려졌다. 주재료는 제철을 맞은 버섯! 송이, 능이, 싸리, 표고, 목이 등 다양한 버섯으로 탕과 초회, 볶음까지 버섯 풀코스가 완성되었다. 버섯 요리에는 특유의 향이 있다. 같은 버섯이라도 요리하는 방법에 따라 다른 맛과 향을 선사한다. 식감도 색다르다. 부드럽게 입안에서 녹는 버섯이 있는가 하면, 말캉말캉 씹히는 맛이 재미있는 버섯도 있다. 이날 원행 스님은 버섯으로 할 수 있는 다양한 요리 신공을 다 보인 듯했다.

"스님, 요리는 어떻게 배우셨나요?"

요리에도 분명 내공이 필요하다. 대충 손 가는 대로, 마음 가는 대로 요리를 하는 데도 맛이 난다면 요리에 특별한 내공이 있는 것이다. 원행 스님은 요리를 따로 배운 적은 없다고 했다. 출가 초기 공양주 보살이 하는 것을 어깨 너머로 보고 배운 것이 전부라고 했다. 그것도 보살님을 졸졸 따라다니며 조르고 졸라 배운 것이 아니라 정말 어깨 너머로만 슬쩍슬쩍 보았을 뿐이라고! 그런데도 스님의 음식은 늘 침샘을 자극한다. 그 비결은 결국 내공에 있다는 것. 노력해도 솜씨가 늘지 않아 불만인 누군가는 서글프지만 밥상에서 맛있게 음식을 먹는 것 또한 내공이라며 스스로를 위로한다.

차 그리고 향을 음미하다

「투다도(鬪茶圖)」에는 송나라 때 성행했던 차와 관련된 다양한 모습들이 한 폭의 그림 속에 들어 있다· 삼삼오오 모여 차를 음미하고 차 맛을 품평하는 모습이 참으로 생생하게 표현되어 있다· 마치 그림 속에 들어가 그들을 마주하고 있는 것처럼 느껴질 정도다·

여덟번째 차 자리에서 우리는 중국 남송 시대에 인물화와 산수화로 이름을 떨쳤던 유송년(劉松年)의 그림을 청나라 때 남명(南溟) 정치원(程致遠)이라는 사람이 모사(摸倣)한 투다도를 만났다· 한 걸음 뒤에서 투다도를 감상하고 있자니 그림 속에 등장하는 옛 사람들의 모습 위로 현재 우리의 모습이 스쳐 지나갔다· 우리가 사진과 이야기로 엮어 가고 있는 열두 번의 만남이 언젠가는 21세기의 투다도와 같은 대접을 받을 수 있지 않을까 하는 작은 기대를 걸어 본다·

투다도, 정치원

차는 만병통치약? - 철관음, 노차

최근 TV나 인터넷을 보면 하루에 커피 몇 잔을 마시면 어디에 좋다더라, 포도주를 마시면 혈액 순환이 좋아진다더라, 뭐는 어디에 좋다더라 하는 건강과 관련된 수많은 '카더라 통신' 정보들이 쏟아져 나온다. 물론 그중에는 맞는 것도 있고, 전혀 말도 안 되는 잘못된 정보도 있다. 그것들을 잘 걸러서 듣지 않으면 자칫 독이 되기도 한다. 일부 차인들 중에는 차가 모든 병을 치료하는 만병통치약인 것처럼 생각하고, 말하는 사람들이 있다. 물론 차를 꾸준히 마시면 차를 마시지 않는 사람보다 면역력이 좋아진다는 연구 결과가 있다. 하지만 차는 병을 고치는 약은 아니다. 특히 모든 병을 고치는 만병통치약은 더욱 아니다. 차를 마셔서 살을 빼고, 차를 마셔서 암을 치료하고, 차를 마셔서 난치병을 치료할 수는 없다. 단, 마시는 방법에 따라, 마시는 사람의 체질에 따라, 안 마시는 것보다 조금 건강에 도움이 될 수는 있을 것이다. 그러니 살을 빼고 싶으면 열심히 운동을 하고, 암이나 난치병을 치료하고 싶으면 훌륭한 의사를 찾아가길 권한다.

"우연히 TV 홈쇼핑 프로에서 보이차를 가지고 살을 뺀다는 상품 광고를 봤습니다. 그 광고대로라면 전 지금쯤 깃털처럼 가벼운 몸을 가지고, 허공을 밟고 다니

차를 꾸준히
마시면 면역력이
좋아진다는 연구
결과가 있다.
그러나 차는 병을
고치는 약은 아니다.
마시는 방법에 따라,
마시는 사람의
체질에 따라 건강에
조금 도움이 될 수
있을 정도이다.

는 신선이 돼 있겠지요. 또 몇몇 사람들 말대로 차가 만병통치약이라면 전 틀림없이 불로장생不老長生할 것입니다. 저는 보이차를 엄청 많이 마신 사람입니다. 그런데 몇 년 전부터 흰머리가 보이고, 주름이 늘고 있습니다. 불로不老가 안 되는데 장생長生이 될까요? 차가 불로장생, 만병통치의 명약이 아니라는 것은 제가 보증할 수 있습니다."

원행 스님의 말씀이다.

공기보다 나쁜 향은 피울 까닭이 없다

차 자리를 갖다 보면 자연스럽게 향내에 익숙하게 된다. 차와 향은 하나의 세트처럼 짝을 이룬다. 원행 스님은 차와 다기 못지않게 향과 향로에 많은 관심을 갖고 있다. 좋은 향과 향로를 찾아서라면 불원천리하고 찾아간다.

옛 문인들은 자기가 좋아하는 향을 직접 만들어 사용하기도 했다. 그냥 적당히 주먹구구식으로 만드는 것이 아니라 제조법에 맞춰 정확하게 계량해 가면서 향을 만들었다. 우리나라를 대표하는 의학서인 『동의보감』에도 다양한 향 만드는 법이 정확히 기록되어 있다. 당시의 향은 조상祖上이나 신명神明에게 올리는 공양물인 동시에 몸과 마음을 안정시키는 약으로도 사용되었다.

원행 스님은 "물보다 안 좋은 차는 마실 이유가 없고, 공기보다 나쁜 향은 피울 까닭이 없다."라는 이야기를 자주 한다. 차와 향을 선택할 때 염두에 두면 좋을 것 같다. 차 자리는 대부분 정적인 분위기 속에서 진행되는 경우가 많다. 차분한 분위기 속에서 따뜻한 차를 마시고, 맑은 향을 음미한다. 그리고 오가는 대화를 통해 서로의 내면을 살펴보는 시간을 갖는다. 그렇게 좋은 차와 향은 온전한 휴식을 전한다.

신에게 올리는 최고의 제물, 유향

흔히 향香의 기원이 인도나 중국일 것이라고 막연히 생각하는 경향이 있다. 그러나 향 문화는 지금의 이라크 지역인 고대 메소포타미아 문명에 그 기원을 두고 있다. 지금도 그 지역에 가면 시장에서 유향을 쌓아 놓고 파는 모습을 어렵지 않게 볼 수 있다.

고대 메소포타미아 문명에서 가장 귀하게 여긴 향은 유향乳香이다. 유향은 '신의 음식'이라고 불리며 신에게 바치는 최고의 제물로 여겨진다. 메소포타미아 지역에서 시작된 향 문화는 주변 지역으로 퍼져 나가 이집트와 중동 전역에 영향을 미친다. 후대에는 가톨릭에도 영향을 주어 미사에서 유향을 사용하게 된다. 고대 시대의 유향은 황금보다도 귀한 최고의 상품이었다. 솔로몬 왕을 찾아왔다고 알려진 시바 여왕이 황금과 함께 낙타에 싣고 온 것으로 알려진 것이 바로 유향이다. 시바 여왕이 다스렸다고 전해지는 지역인 예멘은 지금도 전 세계에서 가장 질 좋은 유향이 생산되는 곳이다. 유향은 유향나무에서 나온 수지樹脂가 굳은 것으로, 약간 새콤하면서 시원한 느낌의 향이 난다.

물속에 가라앉는 향나무, 침향

초는 자기 몸을 태워서 어둠을 밝히고 향은 자기 몸을 태워서 주변을 향기롭게 만든다. 자기를 희생해서 남을 이롭게 하고 기쁘게 한다는 상징적인 의미에서 차와 비슷하다. 차 역시 사람의 심신을 행복하고 풍요롭게 만드는 기특함을 갖고 있기 때문이다.

유향이 나무의 수지가 굳어서 만들어진 향이라면, 침향은 나무의 목질 사이에 수지가 응결되어 만들어진 향이다. 수지가 다량 함유되어 있어서 비중이 크고, 물에 넣으면 가라앉는다. 물에 가라앉는 향이란 의미로 침향沈香이라 부른다. 침향은 나무에서 생성되는 부위와 생산 지역에 따라 그 종류가 다양하게 나누어지는데, 침향 중에는 물에 가라앉지 않는 것들도 많다. 침향이 워낙 고가에 거래되다 보니 가짜들이 유통되기도 한다. 초보자들은 조심해야 한다.

축객향逐客香, 유객향留客香

향은 차와 마찬가지로 옛 사람들의 일상 속에 깊숙이 스며 있던 문화이다. 때로는 심신을 치료하는 약으로, 때로는 문인들의 벗으로, 때로는 조상과 신명에게 올리는 공양물로.

옛 문인들은 귀한 손님이 온다고 하면 마당을 쓸고, 서재에 향을 피우고, 물을 끓여 차를 대접했다. 중국 송나라 제일의 문인으로 불리는 소동파蘇東坡는 집에 손님이 찾아오면 항상 향을 피웠다고 한다. 그리고 그 향이 다 타고 나면 "이제 가실 때가 됐습니다." 하고 정중하게 손님을 배웅했다. 손님을 쫓는 '축객향逐客香'을 피운 것이다.

원행 스님도 손님이 오면 향을 피우고 물을 끓여 차 마시기를 즐겨한다. 스님은 향로에서 향 연기가 사라지면 바로 다시 향을 피우기를 반복한다. "소동파는 축객향逐客香을 피웠지만 저는 유객향留客香을 피웁니다. 손님이 향이 다 탔다고 자리를 털고 일어날까봐 못 가게 얼른 다시 향을 피우지요."라고 농담을 했다. 스님을 찾는 손님 가운데 향로에서 피어오르는 연기를 보고 '축객'과 '유객'의 뜻을 읽어 낼 수 있는 사람이 과연 몇이나 될까.

유향

침향

기남향

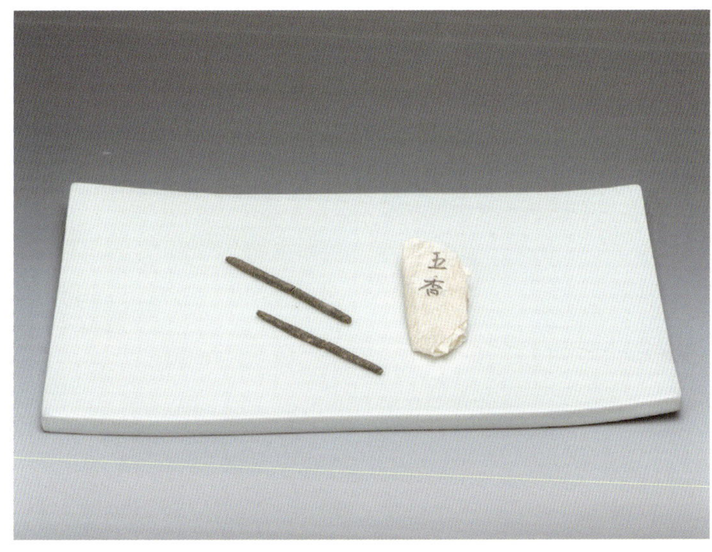

취선향_조선 17세기 중반

향연香煙

아무리 좋은 차라도 일회용 종이컵에 마시면 운치가 떨어진다. 향도 마찬가지다. 좋은 향香과 아름다운 향로香爐가 만나 멋진 향연香煙을 만들어 내는 모습은 보는 사람을 황홀경으로 인도한다.

현대에 와서 향을 피우는 일은 예전보다 훨씬 편해졌다. 예전에는 눈과 손의 감각만으로 향로 속 숯불의 세기를 조절해야 했다. 숯불이 약하면 향이 타지 않고, 불이 너무 세면 향의 목질 부분이 타면서 향기를 탁하게 만든다. 좋은 향기를 얻기 위해서는 향의 목질부가 타지 않을 정도의 적당한 열기로 향 속의 수지樹脂만을 휘발시켜야 한다. 그래야만 맑고 시원한 향기를 얻을 수 있다. 이렇게 어려웠던 향 피우기가 전기 향로라는 도깨비 방망이를 만나서 아주 손쉬워졌다. 전기 향로에는 온도를 조절할 수 있는 기능이 있어서 향의 종류나 본인의 취향에 맞춰 온도를 조절해 놓으면 알아서 최고의 향기를 만들어 낸다. 참으로 편리한 기계다. 그렇지만 하나를 얻으면 하나를 내어 주는 것이 세상의 이치. 전기 향로가 편리함을 가져다준 대신 숯불을 피우는 즐거움, 향로에서 전해지는 따뜻함, 수고로움의 결과로 맑고 시원한 향기를 얻었을 때의 성취감은 사라졌다.

박산로博山爐_한나라

무적無敵의 맛, 무적

생선이나 고기 따위를 양념해서 불에 굽거나 지진 음식을 적炙이라고 한다. 오늘 원행 스님은(고기 살 돈이 없어서?) 무와 배추를 이용해서 적을 구웠다. 무적은 얇게 썬 무를 심심한 소금물에 넣고 살짝 삶아서 열기를 완전히 식힌 후, 밀가루 반죽을 묽게 (줄줄 흐를 정도) 해 옷을 입힌 듯 안 입힌 듯 얇게 입혀 구워 낸다. 배추 역시 묽은 밀가루 반죽을 입혀 굽는다. 이때 들기름과 식용유를 반반 섞어서 굽는다. 별 양념 없이 밀가루 반죽만 입혀 구운 적이 맛이 있을까? 의심도 잠깐, 의외로 아주 맛있는 별미가 탄생되었다. 무가 가지고 있는 단맛과 소금간이 조화를 이루어 감칠맛을 만들어 냈다. 그리고 한 번 삶고 다시 굽는 과정을 거쳐서인지 부드러운 식감이 치아가 좋지 않은 사람도 걱정 없이 먹을 수 있을 정도다. 무는 소화가 잘 되는 음식이기 때문에 아이들 간식이나 환자식으로도 안성맞춤이다. 어느 과자 광고에 나왔던 CM송처럼 무적과 배추적에 자꾸만 손이 갔다. 감칠맛 나는 무적, 배추적과 함께 밥상을 푸짐하게 만든 것은 청경채 표고버섯 볶음이었다. 스님이 직접 농사지은 청경채와 표고버섯을 담백하게 볶았다. 청경채 사이에서 더부살이로 자란 냉이는 무침으로 완성되었다. 거기에 묵을수록 깊은 맛을 내는 갓김치까지 더해져 원행 스님표 진수성찬이 다시 한 번 완성되었다. 매일 먹어도 질리지 않을 것 같은 계절 밥상이다.

동지섣달 꽃 본 듯이

겨울의 끝자락에서 시작한 우리의 차 자리는 새로운 겨울을 맞이했다. 절기상으로는 동지가 지나면 봄이라지만 우리의 계절은 한겨울을 맞이하고 있었다. 아홉 번째 차 자리에 원행 스님은 향로만 준비하고 향은 피우지 않았다. 차실 한쪽을 차지하고 있는 매화 분재의 은은한 향기를 즐기라는 의미로…… 지금이야 온실에서 사시사철 온갖 꽃이 쏟아져 나오지만 옛날에는 온 세상이 꽁꽁 얼어붙은 동지선달에 꽃을 본다는 것은 매우 어려운 일이었다. 오죽하면 「동지섣달 꽃 본 듯이 날 좀 보소」라는 노랫말이 있을까?

매화梅花 시집살이

원행 스님은 몇 년 전 호되게 매화 시집살이(?)를 한 적이 있다고 한다. 그 해에는 유난히 매화 분재에 꽃망울이 많이 맺혔는데 마침 통도사 강사로 계시던 광우 스님과 통화를 하던 중 매화 자랑을 했다고 한다. 광우 스님은 한 달 정도 후에 근처를 지날 일이 있으니, 그때 매화도 보고 차도 한잔 마시러 들리겠노라고 하셨단다. 그런데 광우 스님과 통화하고 난 후 얼마 지나지 않아 갑자기 매화꽃이 서둘러 꽃망울을 터트리기 시작했다. 아직 약속한 날짜가 많이 남았는데 어떻게 할까 고민하던 원행 스님은 그날부터 차실茶室의 난방을 모두 차단했다. 그리고 수시로 창문을 열어 한겨울 냉기를 방안으로 불러들였다. 매화는 찬 기운을 많이 받을수록 향이 짙어지고, 꽃잎에 탄력이 생기며 오래간다. 그 덕분에 스님은 감기로 한 달 넘게 고생을 하셨다고 한다. 다행인 것은 광우 스님이 오셨을 때 매화가 절정에 이르렀다는 것이다. 그날 스님들은 얼음장처럼 차가운 방에서 뜨거운 차를 후후 불어 가며 매화를 원 없이 즐겼다고 한다.

관매도觀梅圖_명나라

몇 년이 지난 오늘, 매화가 피어 있는 차 자리에 두 스님은 다시 함께 자리를 하게 되었다. 묘한 인연이라고 하지 않을 수 없을 것 같다. 원행 스님은 광우 스님을 차와 향뿐만 아니라 문화 예술 분야에 조예가 깊고 사진도 프로 사진작가 못지 않게 잘 찍는 분이라고 소개했다.

이번에도 원행 스님은 차 자리에 맞춰 꽃을 보기 위해 매화 분재를 수시로 들이고, 내놓는 수고를 마다하지 않았다고 한다. 역시 보람은 있었다. 차를 마시며 감상하는 매화는 더없이 우아하고 아름다웠으며, 향기로웠다.

동지섣달 꽃보다 더 귀한 차 - 보이차

이번 차 자리에서 원행 스님은 아주 특별한 보이차를 내놓았다. 솔직히 말하면 얼떨결에 내놓게 되었다는 것이 더 맞는 표현일 것이다. 성운星雲이라는 보이차가 그 주인공이다. 본래 성운은 평범한 차였다고 한다. 보이차에 조예가 깊은 차인이 그 가치를 알아보고 전량 한국으로 수입해 와서 붙인 이름이 성운이다. 처음에는 별 볼일 없었던 성운이 시간이 지나면서 재미난 변화가 생기기 시작했다. 미세하게 인삼향이 나기 시작하더니 어느 순간부터 인삼향이 진동하는 것이다. 그래서 붙여진 별명이 '인삼 보이차'이다. 많은 차인들의 사랑을 받았던 성운은 몇 년 전에 차가 바닥나면서 거래가 끊겼다고 한다. 원행 스님도 조 선생이 꼭꼭 숨겨 둔 성운을 스님 앞에 가지고 올 때까지, 성운이 남아 있다는 것을 몰랐다고 한다. '아, 얼마나 반가우셨을까?' 아마도 동지섣달 매화꽃을 본 것만큼이나 기쁘지 않았을까!

처음 비닐봉지에 싸인 성운을 봤을 때 왠지 값싸 보인다는 느낌이 들었다. 차를 왜 비닐봉지로 싸 놓았을까? 궁금함을 읽기라도 한 듯 광우 스님이 먼저 설명을 했다.

용천요龍泉窯, 청자 접시와 불수감佛手柑 _원나라

"오래된 차들은 대부분 시간이 지날수록 발효가 진행돼 차 맛이 순해집니다. 그런데 아주 오래된 차들은 차 맛이 순해지다 못해, 차 고유의 맛과 향이 사라지는 경우도 있지요. 그래서 아주 오래된 차들은 발효를 억제시키기 위해 일부러 비닐로 포장을 하기도 합니다."

보이차에 대한 광우 스님의 설명이 이어진다.

"보이차는 최종 완성된 차의 모양에 따라 이름을 달리 부릅니다. 찻잎이 하나하나 자연스럽게 흩어져 있는 것을 산차散茶라 하고, 찻잎을 둥근 호떡 모양으로 압축한 것은 병차餅茶, 직사각형 벽돌 모양으로 만든 것은 전차磚茶, 버섯 모양으로 만든 것은 긴차緊茶, 속이 빈 종지 모양은 타차沱茶, 정사각형 모양은 방차方茶라고 합니다. 성운은 직사각형 모양의 전차에 해당됩니다."

원행 스님과 광우 스님이 마지막으로 이 차를 마신 것은 칠팔 년 전으로 당시 차에서는 진한 인삼향이 났다고 한다. 차에 있는 미생물들이 차를 발효시키면 다양한 맛과 향이 나타나는데, 성운은 우연히 인삼향이 나는 쪽으로 발효가 진행된 것이다. 보이차의 특징 중 하나가 변화하는 맛과 향이라고 한다. 고정된 맛이나 향이 아니라 미생물이 만들어 내는 변화무쌍하며 예측 불허의 맛과 향이 보이차의 매력이라고 한다.

우리는 설레는 마음으로 찻잔을 들었다. 차에서는 진한 인삼향이 났다. 특이하고 매력적이었다. 초보 차인의 입에도 '이건 진짜구나!' 하는 생각이 들 정도로 깊이 있는 맛이 났다. 역시 많은 차인들의 사랑을 받을 자격이 충분했다. 같이 차를 마시던 사진작가가 "요즘 이 정도의 차를 중국에서 마시려면 일인당 백만 원 정도는 있어야 한다."라고 이야기해서 깜짝 놀랐다.(사진작가는 중국에서 스튜디오를 운영하고 있어 수시로 중국을 드나들면서 고가의 보이차를 대접 받아 본 것 같다.) 중국 사람들은 좋은 친구와 함께, 좋은 음식과 차를 나누는 것을 인생의 큰 즐거움으로 여긴다고 한다. 고가의 보이차를 아무렇지도 않게 내놓고 아낌없이 나누는 원행 스님도 '전생에 중국 사람이 아니었을까!' 하는 엉뚱한 생각을 해 본다.

청화 백자 잔 _ 청나라

1,700년대 초 베트남 앞바다에서 침몰한 배 안에
서 발견된 잔이다. 바닷물에 의해 표면이 산화되
어 만져보면 약간 까칠까칠한 느낌이 든다.

자사호 _ 1950년대

근대 자사 명인 중 한 사람인 배석민裵石民이 만든
자사호이다. 용요龍窯라는 대형 가마에서 구웠으
며, 불 조절에 실패해서 검게 타면서 요변窯變이
생겼다.

삼키기도 아까운 우리 떡

요즘은 먹을 것이 흔하다 못해 넘친다. 영양 과잉이라는 말이 나올 정도로 과식, 과음을 해서 건강을 해치는 경우도 있다. 옛날에는 상상조차 할 수 없는 일이었다. 하루 세끼 밥도 제대로 못 먹던 춥고 배고픈 시절에는 제사나 경조사 같은 특별한 일이 아니면 별식이라는 것은 생각할 수도 없었다. 그 시절 가장 대표적인 별식이 떡이었다. 명절이나 집안에 큰 행사가 있거나 동지가 가까워 오면 큰맘 먹고 해 먹었던 음식이 바로 떡이다. 동네 아무개네 집에서 떡을 한다는 소문이 돌면, 그날은 그 집 아이들 어깨에 제법 힘이 들어갔다. 동네 세 살배기 아이들부터 형, 누나, 오빠, 언니들까지 그 집 주변을 서성이며, 그 집 아이들에게 온갖 아양을 부렸다. 혹시 남은 떡고물이라도 얻어먹을까 싶은 마음 때문이다. 요즘 애들은 쳐다보지도 않는 떡이지만 춥고 배고픈 시절을 보낸 사람들에게는 어머니, 할머니를 떠올리게 하는 고향의 맛이다.

추위가 기승을 부리는 이맘때쯤 해 먹던 떡이 잡과병雜果餠이다. 가을에 건사해 놓은 지 얼마 안 되는 건과(밤·대추·호두·잣)와 호박고지를 멥쌀가루와 섞어 시루에 찐 떡이다. 원행 스님이 준비한 잡과병에는 호박고지와 유자, 밤, 대추가 들어갔다. 적당한 단맛과 담백함이 어우러진, 과하지도 부족하지도 않은 깔끔한 맛이 차와 잘

어울렸다.

　원행 스님은 석탄병惜呑餅이라는 떡에 대해서도 들려주었다. 석탄이라고 하면 연탄을 만들고, 화력발전소에서 사용하는 석탄을 떠올리는 사람도 있겠지만 여기서 말하는 석탄은 전혀 다른 의미를 가지고 있다. 아낄 석惜, 삼킬 탄呑, 떡 병餅. 아주 맛있어서 삼키기 아까운 떡이라는 뜻이다. 지금처럼 단맛이 흔하지 않던 시절, 곶감은 단맛이 나는 최고의 간식이었다. 이 곶감을 바짝 말려서 가루를 내어 쌀가루와 섞어 시루에 찐 떡이 석탄병이다. 그 맛이 얼마나 달콤하고 황홀했으면 삼키기 조차 아까운 떡이라는 이름을 갖게 되었을까! 상상만으로도 입안에 군침이 돈다.

복을 부르는 음식, 만두

조선 시대에는 밀가루가 아주 귀해서 아무나 먹을 수 있는 것이 아니었다고 한다. 그래서 오래 전에는 밀가루가 아닌 녹말로 국수를 만들어 먹었다고 한다. 밀가루는 궁이나 사대부 대갓집에서나 쓰는 값비싼 음식 재료였다. 지금에 와서 밀가루가 가장 서민적인 음식 재료가 된 것을 보면 세상이 엄청나게 바뀐 것을 알겠다.

이렇게 귀한 밀가루로 만든 만두 역시 귀한 손님을 대접할 때 내놓는 귀한 음식이었다. 오늘 원행 스님은 떡만둣국을 준비했다. 만두는 김치만두로 김치와 표고버섯, 느타리버섯, 새송이버섯, 당면이 들어갔다. 고기를 넣지 않고 김치와 채소, 버섯만으로 만든 진짜 김치만두였다. 중국에서는 정월 초하루 춘절春節에 만두를 먹는데 이때는 만두를 먹는다고 하지 않고 복을 먹는다고 표현한다고 한다. 비록 우리 전통은 아니지만 '작은설'이라고 불리는 동지가 가까워 오고 있는 때라 스님은 복을 전하는 마음을 담아 정성스레 만두를 빚은 것이 아닐까 싶다.

밥상에는 떡만둣국과 찰떡궁합인 빈대떡이 침샘을 자극하고 있었다. 원행 스님이 만든 빈대떡은 녹두와 찹쌀가루로 반죽을 했고, 과자처럼 바삭하게 부쳐 고소함이 배가되었다.

빈대떡은 조선 시대
사대부가 주변 빈민촌
사람들을 위해 만들어
보낸 빈자병貧者餅에서
유래되었다는 설과
밀가루를 반죽해
기름에 지진 중국 전병을
「빙쟈」라고 불렀고,
그 빙쟈가 「빈대」가
되었다는 설이 있다.

묵은해를 보내고 새해를 맞이하다

새해 첫 차 자리! 원행 스님의 차실 창밖으로 눈이 내렸다. 스님은 신년 차 자리의 구색을 다 갖추게 되었다며 내리는 눈을 반가워했다. 눈과 함께 오신 손님도 계셨다. 원행 스님과는 각별한 인연을 맺고 있는 분들이다. 열 번째 차 자리가 예사롭지 않을 것 같다.

일본에서는 해가 바뀌면 좋은 날을 잡아 화로에 숯불을 피워 차회를 가진다고 한다. 한 해의 시작을 알리는 자리인 만큼 평소보다 더 고심해서 날짜를 정하고, 인연이 깊은 사람들을 초대한다. 가장 좋은 날, 가장 좋은 사람들과 함께하며, 가장 좋은 다기를 꺼내 놓는다. 새로운 한 해를 맞이하는 차 자리, 모든 사람의 평안과 행복을 기원한다. 스님의 차실에도 한 해의 평안과 안녕을 기원하는 의미를 담은 처용 탈이 걸려 있었다.

오래된 것은 더 오래되게, 새로운 것은 더 새롭게 – 가루차

원행 스님은 새해 첫 차 자리를 가루차(말차抹茶)로 준비했다. 가루차는 찻잎을 가루 내어 찻잔에 넣고 뜨거운 물을 붓고 거품을 내어 마신다. 본래 중국에 뿌리를 두고 있지만 오늘날 중국과 한국에서는 사라지고 일본에만 남아 있다고 한다. 고려 시대에는 우리나라에서도 가루차를 즐겨 마셨다고 한다.

가루차를 만들 때는 섬세함이 필요하다. 예전에는 바짝 말린 찻잎을 맷돌에 갈아 체에 쳐서 가루차를 만들었다. 이때 맷돌을 돌리는 속도가 중요했다. 급하게 맷돌을 돌리면 마찰열이 생겨 찻잎이 쉽게 열을 받는다. 찻잎이 열을 받으면 차 빛깔이 탁해지고, 가루차의 청량하고 싱그러운 맛이 사라진다. 그러므로 서두르지 않고 천천히 찻잎을 갈아야 한다. 일본의 유명한 찻집에서는 아직도 맷돌을 이용해 가루차를 만든다고 한다. 그리고 아무리 주문량이 많아도 차의 품질을 위해 절대 속도를 내는 법이 없단다. 하루 종일 맷돌을 돌려도 가루차 몇 백 그램을 만들기가 쉽지 않다고 하니, 그 정성이 대단하다고 하겠다.

일본 교토에 동본원사東本願寺라는 큰 절이 있다. 일본의 큰 절에는 그 절에서 마시는 차를 전담해서 납품하는 찻집들이 있다. 어느 해 동본원사를 방문한 원행 스님은 가루차를 사기 위해 물어물어 동본원사에 차를 납품하는 집을 찾아갔다고 한다.

처용탈_조선 시대 | 왼쪽부터 장유 고觚_송 | 관요官窯 향로_남송 | 정요定窯 백자 향합_송

가루차를 만들 때는
섬세함이 필요하다.
예전에는 바짝 말린
찻잎을 맷돌에 갈아
체에 쳐서 가루차를
만들었다.

찻잎을 맷돌에 갈아
체에 쳐서 가루차를
만들었다.

절에서 도보로 10분 정도 거리에 자리 잡고 있는 찻집은 겉보기에 허름한 창고 같았다. 삐걱대는 문을 열고 들어간 찻집의 내부는 영화에서 본 1960년대 허름한 잡화점, 점방店房 같은 분위기였다고 한다. 비좁은 실내에는 낡은 의자가 하나 놓여 있고, 현대적인 시설이라고는 천장에 매달려 있는 전구 밖에 없었다. 하지만 선반 위에 일렬로 늘어서 있는 크고 작은 주석으로 만든 차 항아리들은 그 집이 예사로운 찻집이 아니라는 것을 보여 주었다고 한다.

원행 스님은 차를 시음하기 위해 주인의 안내를 받아 건물 뒤쪽에 마련되어 있는 작은 차실로 자리를 옮겼다. 차실 앞에는 서너 평 넓이의 아주 작은 정원이 깔끔하게 가꾸어져 있었는데, 그 옆으로 큰 건물이 허름한 찻집을 내려다보고 있었다. 정원을 바라보며 시음한 차 맛이 기가 막히게 좋았다. 이렇게 좋은 차를 만드는 데에도 아직 큰돈은 벌지 못했구나 싶었다고 한다. 스님은 나중에 찻집 옆에 우뚝 서 있는 큰 건물의 정체를 듣고 놀라움을 감출 수 없었다고 한다. 찻집과 큰 건물은 같은 집이었던 것이다. 빌딩을 지을 만큼 큰돈을 벌고 성공을 거두었지만 본래의 가게를 허물지 않고 창업 정신을 이어가고 있었던 것. 오래된 것은 낡은 것이라 여기고 무조건 새로운 것, 최첨단의 것만을 쫓고 있는 우리와는 사뭇 다른 모습이었다.

원행 스님은 오래전 일본 공항에서 본 문구를 여전히 생생하게 기억하고 있었다.

"오래된 것은 더 오래되게! 새로운 것은 더 새롭게!"

일본이라는 나라는 그러했다. 오래된 전통은 전통 그대로의 가치를 보존하고, 새로운 것은 실제의 새것보다 더 새롭게 보이도록 만드는 나라였다. 그것이 일본을 강대국으로 이끈 원동력일 것이다.

차로 통通하는 인연, 차로 통通하는 세상

원행 스님이 숨은 차 고수라 소개한 손님은 통도사 율원장 덕문 스님이다. 그동안 차 자리에서 차와 관련된 원행 스님의 무용담(?) 속에 비중 있게 등장했던 인물을 실제로 만난 것이다. 덕문 스님은 묵묵히 차를 즐겨온 차인이었다. 고미술에도 조예가 깊고 관심도 많아서 원행 스님과는 잘 통한다고 한다. 두 스님이 만나면 꼭 사고(?)를 치신다고 한다. 그것이 차가 되었든, 다기가 되었든, 만나기 힘든 인연은 다시 오기 힘들다며 서로 부추기다 보니 주머니 사정은 생각하지 않고 무리를 하는 경우가 종종 발생한단다. 그래서 "우리는 자주 만나면 안 되는 사이"라고 농담을 주고받는 두 스님의 얼굴에 웃음이 번진다.

"차에는 힘이 있습니다. 세상과 사회를 하나로 만들고, 발전시킬 수 있는 에너지를 만드는 힘이 있어요. 세상과 세상을 잇고 사람과 사람을 통하게 하는 것, 차 문화가 그 역할을 할 수 있다고 생각합니다." (덕문 스님)

두 스님은 한마디로 '창고 공동체'라고 한다. 서로 다른 삶인 것 같지만 들여다보면 한 살림을 하고 있는 가족 같은 관계다. 우리의 차 자리는 한 달에 한 번이라는 시간을 정해 놓고 정기적으로 만남을 이어가고 있지만 덕문 스님과 원행 스님은 어느 날 갑자기, 불쑥, 꼭 만나야 하는 일이 발생한다고 한다. 덕문 스님이 귀한 차나 다기를 구했다고 하시면 원행 스님은 한걸음에 통도사로 달려간다. 덕문 스님도 마찬가지다.

세상에서는 돈의 가치로 귀함을 판단하지만 두 분은 조금 다르게 생각한다. 당장은 쓰임새가 없고, 낡고 해지거나 값싼 물건이라도 역사적 의의와 운치를 가지고 있으면 귀한 물건이 되는 것이다. 그런 의미에서 두 분은 한마디로 통通한다. 스마트폰 사진으로도 충분히 확인이 가능하지만 원행 스님은 덕문 스님의 연락을 받으면 먼 길을 마다하지 않고 달려간다고 한다. 마음이 통하는 다우茶友는 그런 것인가 보다.

덕문 스님은 차가 세상과 세상을 통하게 하는 힘을 가지고 있다고 한다. 조금 더 많은 사람들이 차 문화를 즐기며 삶의 여유와 즐거움을 함께 나눌 수 있는 세상.

통정호 다완 _ 조선 시대

조선 시대 때 만들어진 차 사발이다. 우리나라보
다 다도 문화가 발달되어 있는 일본에서도 조선의
차 사발은 그 가치를 최고로 친다.

청정호 다완 _ 조선 시대

정호다완井戸茶碗 중에서도 조금 더 단단하고 푸
른빛이 도는 차 사발로 일본에서는 아오이도靑井
戸라고 부른다.

귀얄 분청 철화문 다완 _ 조선 시대

귀얄로 분을 바른 위에 철화로 당초문을 그려 넣은 다완이다.

청화 백자 팔각 산수문 제기祭器 _ 조선 시대

팔각의 몸체에 높은 굽을 만들어 붙이고 안팎에 청화로 산수문을 그려 넣은 보기 드문 제기이다.

그런 따뜻한 세상을 그리며 스님은 오늘도 찻물을 끓일 것이다.

차를 마시면 나라가 흥하고, 술을 마시면 나라가 망한다

차 자리에서 자주 등장하는 대화 주제 중 하나가 차와 술이다. 다산 정약용 선생은 "차를 마시면 나라가 흥하고, 술을 마시면 나라가 망한다."라는 말을 남겼다. 차의 공덕과 술의 폐해를 극단적으로 표현한 것이리라. 다산 선생이 이렇게 이야기 했다고 해서 차는 좋은 것, 술은 나쁜 것이라는 흑백 논리로 이야기 하는 것에는 동의하지 않는다. 다만 차를 즐기는 차인의 입장에서는 술보다 차에 조금 더 후한 점수를 주고 싶을 뿐이다.

차는 사색의 문화를 만든다. 차는 인간의 내면세계를 살피게 하는 힘이 있다. 차를 마시면 마실수록 정신이 또렷해진다. 대화의 깊이와 폭이 시간이 지날수록 깊어지고 넓어진다. 차 자리에서 나누는 모든 대화가 내 것이 된다. 그것을 마음에 새기다 보면 깊은 사색에 빠질 때도 있다. 인생을, 세상을, 우리가 함께 하는 시간을, 다시 한 번 되돌아보게 만든다.

술은 발산의 문화를 만든다. 술은 사람의 감정을 외향적으로 발산시키는 힘을 가지고 있다. 평소에 감정을 잘 드러내지 않고 조용하던 사람이 술을 마시면 어느 순간 표정과 말투가 달라질 때가 있다. 조금 과하게 마셨을 때 그 변화의 정도는 더 확연하게 드러난다. 매 순간순간 감정의 기복이 생기고, 그에 따라 표정과 목소리와 행동이 수시로 바뀐다. 수많은 이야기를 나누지만 다음 날 생각나는 것은 하나도 없다.

차와 술의 공통점은 술을 마시든, 차를 마시든, 둘 다 말이 많아진다는 것이다. 반면 차이점은 술을 마시며 나눈 대화는 가볍게 날아가고, 차를 마시며 나눈 대화는 묵직한 울림으로 남는다는 것이다. 물론 항상 예외는 있다. 애주가들의 오해가 없기 바란다.

가끔은 삶에 지치고 힘들 때 소중한 사람들과 술 한잔을 기울이며 위로를 얻을 때가 있다. 스트레스가 풀리고, 웃음이 많아지고, 다시 일어설 수 있는 힘을 얻는다. 술이 주는 에너지가 긍정적으로 작용한 것이다. 차도 마찬가지다. 차를 오랫동안 마셔 온 사람들 가운데에는 차를 진하게 마시고 나면 머리가 맑고 몸이 개운해지면서 새로운 아이디어가 샘솟고 피곤한 줄 모른다고 이야기 하는 사람들이 있다. 이때가 술과 차가 긍정적인 역할을 하는 순간이다. 차와 술, 어느 것을 선택할지는 각자의 몫이다. 술을 마시면 나라가 망한다고 한 다산 선생도 평생 술을 드셨다.

모든 근심과 걱정이 사라지는 소리

신라의 문무왕은 자신이 죽으면 동해東海에 장사를 지내라 명했다. 이에 아들인 신문왕이 명을 받들어 동해에 문무왕을 장사 지내고 감은사를 지어 문무왕을 추모했다. 그 후 용이 된 문무왕과 천신이 된 김유신 장군이 합심해, 낮에는 두 그루가 되고 밤에는 한 그루가 되는 대나무가 있는 섬을 대왕암(문무왕의 수중릉) 근처로 보냈다. 이를 상서로운 징조로 여긴 신문왕이 사람을 보내 섬에 있는 대나무를 베어다가 피리를 만들어 불게 했더니 적이 물러가고, 백성들의 병이 낫고, 가뭄에는 비가 내리고, 장마에는 비가 그치고, 세찬 바람과 파도가 잠잠해지는 신비로운 일들이 일어났다고 한다. 신문왕은 그 피리를 만파식적萬波息笛이라 이름하고 나라의 보배로 삼았다고 한다. 신문왕이 대나무로 만들게 했다는 피리가 국악기를 대표하는 악기중 하나인 대금大笒이다.

　우리의 열 번째 차 자리에 초대된 손님 가운데 한 분은 차를 좋아하는 대금 연주자였다. 원행 스님이 대금 연주자를 초대한 데에는 특별한 이유가 있었다. 새해를 맞이한 우리에게 대금 연주로 한 해의 평안과 안녕을 기원하는 것이다. 결코 가볍지 않은 의미를 담은 영산회상靈山會相 대금 연주는 우리들 귀가 아닌 마음을 울렸다. 대금을 연주한 박노상 선생은 평소에 차를 마시러 원행 스님의 차실을 수시로 찾는다

고 한다. 오늘 차 자리의 연주는 그동안 스님에게 공짜로 얻어 마신 찻값을 치른 것
이라고 한다.

쓴 것이 다하면 단 것이 온다

식사 후 예정에 없던 차 자리가 다시 시작되었다. 사람들이 아쉬워하며 일어날 생각
을 하지 않자 원행 스님은 보이차로 입가심을 하자며, 아무런 상표도 없는 싸구려
처럼 보이는 차를 한 편 들고 나왔다. 무슨 차인지 묻자 스님은 "고진감래苦盡甘來 차"
라고 했다. 몇 년 전까지 쓴맛이 엄청 강했었는데 지금은 쓴맛은 거의 사라지고 단
맛이 많이 도는 차라고 한다.

그 차는 천신호天信號라는 차였다. 1950년대 후반에서 1960년대 초반 운남성 봉
산鳳山이라는 곳에서 만들어진 차로 몇 년 전까지 깜짝 놀랄 정도로 쓴 맛을 가지고
있었다고 한다. 원행 스님이 처음 천신호를 마셨을 때는 쓴 약을 마시는 기분이었다
고 한다. '이렇게 쓴 차를 누가 마신다고 만들었을까?' 하는 생각이 들었다고 한다.
그 궁금증은 6년 전에 우연히 풀렸다고 한다. 친한 지인이 쓰러져서 대만에서 국의國
醫로 존경을 받는 동연령董延齡 선생을 한국에 모신 적이 있었다. 당시 동연령 선생은
노령으로 점심 식사 후에는 차를 마시지 않았는데, 천신호를 보고는 저녁 시간임에

도 불구하고 이런 차는 약이라며 여러 잔을 기분 좋게 마셨다고 한다. 그리고 "천신호처럼 쓴 차는 간의 열을 내리고 피로를 풀어 준다."라고 하며 원행 스님에게도 천신호를 여러 잔 권하더라는 것이다. 그때 스님은 이렇게 쓴 차를 왜 만들었는지 알게 되었다고 한다. 차로 모든 병을 고칠 수는 없지만 좋은 차를 꾸준히 마시면 건강 관리에 도움이 된다는 것을 동연령 선생의 말을 통해 확인했다고 한다.

"엄청 쓰다."라는 원행 스님의 말에 잔뜩 겁을 먹고 차를 마셨는데 두 번째 잔까지 약간 쌉싸름한 정도의 쓴맛이 났고, 그 후에는 쓴맛이 사라지고 오히려 단맛이 느껴졌다. 원행 스님은 몇 년 지나면 쓴맛은 모두 사라지고, 시원한 단맛만 남을 것 같다고 했다. 현재 시중에는 두 가지 종류의 천신호가 유통되고 있는데 하나는 찻잎이 푸석하고 습濕을 많이 먹은 차로 보관 과정에서 문제가 있었던 것으로 보인다고 한다. 다른 한 종류는 우리가 마신 차로 찻잎이 튼실하고 습을 전혀 먹지 않았다.

"호박은 늙으면 맛이나 좋고요. 사람은 늙으면 어디다 쓰나." (제주 민요 중)

늙은 호박 속을 숟가락으로 긁어서 소금 간을 하면 물이 생긴다. 거기에 찹쌀가루를 넣고 되직하게 반죽을 해서 부치면 늙은 호박전이 된다. 물이 전혀 들어가지 않아 늙은 호박 본연의 단맛이 그대로 느껴진다. 찹쌀가루가 들어가 잘 눌어붙는 단점이 있지만 그 정도쯤은 감수해도 될 만한 맛이다. 원행 스님은 호박전과 함께 호박 풀떼기를 준비했다. 쌀가루를 넣지 않고, 늙은 호박과 팥만 넣어 끓인 것이다.

토란과 들깨를 넣고 끓인 토란탕은 영양 가득한 건강식이다. 푹 삶아 감자와 비슷한 식감이 느껴지는 토란은 우리 몸에 쌓인 독소를 없앤다. 토란 껍질과 줄기에는 미세한 독이 있어서 맨손으로 만지면 가려움이 느껴진다. 이 독은 열에 매우 약하기 때문에 뜨거운 물에 살짝 데쳐서 손질하면 간지럽지 않다고 한다.

원행 스님의 밥상에는 각종 장아찌가 많이 올라온다. 열 번째 밥상에 올라온 산초장아찌는 민간에서는 잘 먹지 않는 음식이다. 하지만 사찰에서는 스님들이 즐겨 먹고, 좋아하는 장아찌 가운데 하나라고 한다.

가죽(참죽) 장아찌

산초 장아찌

차의 정수를 맛보다

차 자리를 시작한 후 두 번째 봄을 맞이했다. 처음 차 자리를 가졌을 때 느꼈던 어색함은 사라지고 서로 안부를 물을 정도의 여유가 생겼다. 해가 바뀌고 계절이 바뀌는 사이 우리의 모습도 알게 모르게 조금씩 변했다. 어색하고 긴장되었던 표정은 한결 부드러워졌고, 차와 다기를 대할 때마다 조심스러웠던 손길은 익숙해졌다. 특별하게만 느껴졌던 시간을 자연스럽게 받아들이고 있었다.

차 자리를 시작하며 우리는 책 제목을 뭐라고 하면 좋을까 의견을 주고받았다. 몇몇 의견이 있었지만 최종적으로 원행 스님이 제안한 『다반사』로 의견이 모아졌다. 차를 함께 나누는 시간을 특별하게만 받아들이기 보다는 편안한 일상으로 받아들였으면 하는 스님의 바람이 담겼다. 그 사이 차를 대하는 우리(필자와 사진작가)의 태도는 많은 변화가 있었다. 낯설고 어설픔에서 편안하고 익숙함으로의 변화. 물론 여유가 생기긴 했지만 여전히 차를 기다리는 마음은 처음처럼 설레었다. 그래서 우리의 차 자리는 언제나 봄이다.

'눈물차' - 우전차

원행 스님의 차 이야기를 듣다 보면 차와 다기의 끝이 어디일지 궁금해진다. 셀 수 없이 많은 차의 종류에 놀라고, 다양한 행다법에 놀라고, 가지가지 다기의 종류에 놀라고, 놀람의 연속일 때가 많다. 차 문화가 가지고 있는 오랜 역사를 생각하면 당연한 일이지만 그래도 놀랄 일이 너무 많다. 원행 스님은 "오늘은 차의 정수를 뽑아서 마셔 보자."라고 했다. 일본 사람들이 흔히 옥로玉露라고 부르는 것으로, 차로 만드는 에스프레소라고 생각하면 될 듯하다. 일본에는 옥로용 차가 따로 있지만 우리는 국산 우전차를 아주 진하게 맛보기로 했다.

일본 사람들은 최고급 녹차를 옥로라고 부른다. 1970-80년대까지만 해도 우리나라에서도 좋은 차에 습관적으로 옥로라는 이름을 썼다고 한다. 그만큼 옥로라는 단어에는 '최고의 차'라는 의미가 담겨 있다. 이번 차 자리에서는 차의 정수를 가장 잘 뽑아내는 자사紫砂 다기와 200년 이상 된 옥으로 만든 잔을 사용했다. 찻물의 온도를 확 낮추어 55도에서 60도 정도에 맞추고, 차 한 봉지를 다 넣어 차를 우린다. 차 자리를 여러 차례 가질 수 있을 정도의 양이지만 과감하게 한 봉지를 모두 넣는다. 그렇게 우린 차는 끈적거림이 느껴질 정도로 진하다.

차를 따를 때는 마치 눈물이 똑똑 떨어지는 것처럼 한 두 방울이 겨우 겨우 찻잔에 담긴다. 그래서 '눈물차'라는 별명을 가지고 있다고 한다.

진정으로 차를 좋아하는 일본의 차인들은 아침에 옥로를 준비해서, 딱 한 모금을 입 안에 머금고 출근을 한다고 한다. 한 잔도 아니고 한 모금이다. 그렇게 하면 한 모금의 옥로가 하루 종일 입 안에 향을 남기고, 지친 몸을 다시 일어서게 하는 에너지가 된다고 한다.

진정한 차인이란

차를 대할 때는 어떤 마음과 자세를 가져야 하는지, 오랫동안 차를 마셔 온 원행 스님에게 차는 과연 어떤 것일까 궁금했다.

"차 맛은 계속 변합니다. 같은 차라도 계절에 따라, 물에 따라, 다기에 따라, 우리는 사람에 따라 조금씩 맛이 바뀝니다. 그런데 어떤 분들은 차와 다기에 대한 자신만의 기준을 만들어 놓고, 타인에게 자신의 기준을 강요하지요. 이 차는 이런 맛이어야 하고, 저 차는 저런 맛이어야 하고, 이 차는 이런 도구를 써야 되고, 저 차는 저런 도구를 사용해야 되고…… 또 가끔 차를 자기 과시의 도구로 사용하는 경우도 있는데, 그런 생각과 태도로 차를 대하는 것은 바르지 않다고 생각합니다."

힌두스탄 옥기

인도에서 만든 옥기이다. 200년 정도 된 다기로 열이 잘 전도되기 때문에 옥로 외에 다른 차를 마실 때는 사용하기 어렵다.

주석 잔 받침 _ 청나라

주석 장인 심존주沈存周가 만든 주석 잔 받침이다.

양로 _ 청나라

흙으로 만든 양로凉爐다. 화로의 일종으로 물을 끓
이되 최소한의 화력만을 유지해야 할 때 사용한다.

삼우거 자사호 _ 청나라

바닥에 삼우거三友居 라는 각이 있다.

가끔 차인들 중에는 차를 과시용으로 즐기는 사람들이 있다. 진정으로 차를 즐기고 사랑하면서, 차를 통해 삶의 활력소를 얻는 것이 아니라 차를 통해 자신의 부를 자랑하고, 타인에게 자신을 드러내기 위한 도구 정도로 활용하는 것이다. 그런 사람들은 좋은 차가 아니라 비싼 차를 이야기한다. 좋은 다기가 아니라 고가의 다기를 말한다. 차와 다기의 평가 기준이 맛이나 향기, 역사성, 희소성, 예술성 등이 아니라 가격과 브랜드가 된다. 아무리 유명한 브랜드의 비싼 차라도 차를 제대로 알지 못하고, 제대로 다루지 못하면, 좋은 차 맛을 낼 수 없다. 아무리 유명한 사람이 만든 비싼 다기라고 할지라도 다기가 가진 특징과 사용법을 제대로 모르고 다룬다면 다기의 진가가 발휘되기 어렵다. 유명하고 비싸다고 해서 다 좋은 차, 좋은 다기가 되는 것은 아니다. 싸고 비싼 것을 떠나 차와 다기가 가진 특징과 가치를 제대로 알고 사용할 줄 아는 사람이 진정한 고수다.

"좋은 차는 잘 만든 찻잎을 제대로 잘 우리고, 마시는 사람이 그 맛과 향을 제대로 음미했을 때 비로소 완성되는 것이지요. 모든 조건이 자연스럽게 잘 맞아 떨어져야 좋은 차가 됩니다."

한때 우리나라에서 이름을 떨치던 차 선생이 있었다. 지금은 은퇴했지만 제자들의 군기(?)를 얼마나 잡았는지, 그 제자들이 스승 앞에만 서면 진땀을 흘리고 쩔쩔맸다고 한다. 원행 스님은 우연한 기회에 그 차 선생을 어느 행사장에서 만났다. 자연스럽게 차에 대한 이야기가 오가게 되었는데, 차를 대하는 그 분의 태도에 실망과 당황스러움을 느껴 서둘러 자리를 피했다고 한다.

스님　　　댁에서는 주로 어떤 차를 드세요?

차 선생　매일같이 제자들을 가르치다 보면 차를 얼마나 많이 마셔야 되는데

왜 집에서까지 차를 마셔요?

저희 집에는 다기 한 벌도 없어요.

집에서는 차 안 마셔요.

그분은 진정한 차인이 아니라 차를 가르치는 직업을 가진 직업인이었던 것이다. 백번 양보해서 그분의 심정을 이해한다고 치더라도 차인들이 모여 차를 나누는 행사장에서 부끄러운 줄 모르고 자랑스럽게 이야기하는 모습에 원행 스님은 많은 실망을 했다고 한다.

반대로 스님 지인 중에는 언제, 어디서든 항상 차를 마실 수 있도록 자동차 트렁크에 다기 세트를 가지고 다니는 차인이 있다고 한다. 우연히 마음이 맞는 사람을

좋은 차는 잘 만든 찻잎을
제대로 잘 우리고,
마시는 사람이 그 맛과
향을 제대로 음미했을 때
비로소 완성되는
것이다. 모든 조건이
자연스럽게 잘 맞아
떨어져야 좋은 차가 된다.

만났을 때, 그림 같은 풍경을 만났을 때, 운전을 하다가 쉬고 싶을 때, 어디서든 차를 마시기 위함이다. 꼭 좋은 차가 아니어도 괜찮다. 그 누군가와 또는 혼자서라도 시간과 장소에 구애받지 않고, 즐겁게 차 한잔의 여유를 즐길 줄 아는 사람이 진정한 차인이리라.

백자 향삽香揷_명나라

구황救荒 음식이 이제는 '별미'

풋풋한 나물의 향긋함이 식욕을 자극하는 계절, 봄이 돌아왔다. 두 번째 봄을 맞이했지만 원행 스님의 레시피는 아직 떨어지지 않았나보다. 지난 봄 밥상에 올랐던 음식은 찾아볼 수 없었다. 같은 음식이 올라온다 해도 모른 척하고 맛있게 밥상을 대하리라던 생각이 무색해졌다.

봄나물의 대표 주자 달래로 만든 달래전, 우엉에 밀가루를 묻혀 찐 우엉찜, 곤약과 시래기국이 사이좋게 조화를 이루며 밥상을 채웠다. 그리고 바다의 봄나물이라 불리는 톳으로 밥을 지었다. 동해 쪽에 계신 비구니 스님이 며칠 전에 톳이 한창이라며 때마침 보냈다고 한다. 톳밥은 봄나물과 양념간장을 넣고 비비면 좋다. 산과 바다의 맛을 동시에 느낄 수 있으니 이것이 산해진미가 아니고 무엇이겠는가?

요즘은 톳밥이 봄철에 먹는 계절 별미가 되었지만 예전에는 배고픔을 달래기 위한 구황救荒 음식이었다. 특히 먹을거리가 많이 부족했던 바닷가에서는 부족한 곡식을 톳으로 채워 보릿고개를 넘겼다고 한다. 아마도 오늘만은 톳밥이 밥상에 오르지 않기를 간절히 바라던 이들도 그때는 있었을 것이다. 톳밥을 비비며 감사한 마음을 가져 본다. 우리의 톳밥이 더 이상 배고픔을 걱정하며 먹는 음식이 아니라는 것에.

고완古玩의 아취雅趣

한 달에 한 번, 열두 번의 만남을 약속하며 시작했던 차 자리였다. 사전에 차 자리의 방향과 성격을 정하기 위해 두 번의 모임이 있었다. 원행 스님과 관봉 선생 부부, 그리고 한 선생 부부가 모였다. 이후 필자와 사진작가가 합류해 일 년이라는 짧다면 짧고 길다면 긴 시간 동안 함께 차를 마시고, 고완을 감상하며 수많은 이야기를 나누었다. 시원섭섭하다는 말이 떠오르는 건 왜일까? 이번 차 자리는 열두 번의 만남을 마무리 짓는 동시에 새로운 만남을 준비하는 자리이다.

원행 스님은 「차 자리에는 아취가 있어야 된다」라는 말을 자주 했다. 돈과 권력에 얽매여 영혼 없이 사는 삶에서 잠시라도 벗어나 여유를 가지고 자신의 삶을 돌아보는 시간이 되어야 한다는 것이 아닐까? 스님의 차 자리에서는 골동품을 쉽게 보거나 만지게 된다. 박물관 진열장 속에 있어야 될 것 같은 것들이 차 자리에서 아무렇지도 않게 쓰인다. 「모든 기물은 목적에 맞게 사용될 때 가치가 있는 것」이 스님의 지론이다. 그래서 아무리 오래되고 귀한 것들이라도 무심하게 쓴다. 옆에서 잘못해서 깨지기라도 하면 어쩌나 걱정이 앞서지만 귀함을 아는 만큼 조심해서 사용하면 된다며 거리낌 없이 옛것들을 사용한다. 단순히 옛것을 좋아하는 단계를 넘어, 옛것을 즐길 줄 아는 사람이 진정한 골동 애호가가 아닐까. 「무슨 일을 하든 그 일을 즐길 줄 알면 그 사람이 고수다.」라는 스님의 말씀이 머릿속을 맴돈다.

지금 나는 내 일을 즐기고 있는가?

봄비와 어울리는 차 – 문산포종, 동방미인

차는 함께하는 사람, 날씨, 기분에 따라 맛이 달라진다. 봄비가 촉촉이 내리는 3월, 오늘 같은 날씨와 가장 어울릴 만한 차라면서 원행 스님이 우린 차는 문산포종이다. 다관에 차를 넣고 뜨거운 물을 붓자 싱그럽고 풋풋한 향이 차실에 퍼졌다. 향기만으로도 봄을 느낄 수 있다. 잔을 들어 차를 한 모금 입에 머금자 입안에 봄기운이 퍼진다. 풋풋하면서 상큼한 것이 봄의 새싹을 떠올리게 하는 맛이었다. 문산포종은 타이베이 외곽 지역인 문산文山에서 생산된 포종차包種茶이다.

포종차에 이어서 마신 차는 동방미인이라는 차였다. 동방미인은 대만을 대표하는 명차名茶로 달리 팽풍차膨風茶라고도 부른다. 팽풍膨風은 대만 사투리 가운데 하나인 민남어閩南語로 허풍, 과장, 뻥이라는 의미를 가지고 있다. 옛날 한 농부의 차 밭에 벌레들이 몰려와 찻잎을 갉아먹었다. 농부는 낙담했지만 한 푼이라도 벌어야 하겠기에 벌레가 갉아 먹고 남은 찻잎들을 가공해 시장에 들고 나갔다. 볼품없는 차를 아무도 쳐다보지 않고 지나치는데, 마침 그 앞을 지나던 영국인 차 상인이 차 맛과 향을 보고 다른 차의 몇 배 가격에 전량 구매했다. 뿐만 아니라 다음 해에도 이 차를 구매하고 싶다고 했다. 생각지 않게 큰돈을 받고 차를 판 농부는 마을로 돌아와서 이런 사연을 마을 사람들에게 이야기했으나 마을 사람들은 아무도 믿지 않고 농부

가요哥窯 접시_송나라

가 허풍을 떤다고 생각했다.

　여기에서 팽풍이라는 이름이 유래되었다고 한다. 인생 만사 새옹지마塞翁之馬라고 하지 않았던가? 벌레 먹은 찻잎이 오늘날 대만을 대표하는 명차名茶를 탄생시킬 줄 누가 알았겠는가? 쇠는 맞을수록 단단해지고, 사람은 고난과 역경을 이겨 내면서 큰사람으로 다시 태어난다고 한다. 포기하지 않는 한 언젠가는 우리 인생에도 팽풍 같은 드라마틱한 일이 찾아오지 않겠는가!

오래된 것을 즐겨 감상하다

청자 접시에 쑥 시루떡과 곶감이 담겨 있었다. 접시 바닥에 새겨진 용 문양이 예사롭지 않아 보였는데, 원나라 때 만든 용천요龍泉窯 청자 접시라고 한다. 이제 골동을 보는 안목이 생긴 것 같아 흐뭇했다. 청자 접시에 마음을 뺏겨 다른 기물들은 눈에 들어오지 않았다. 스님은 이런 나를 보고 밤새 고르고 골라서 비단은 다 버리고, 삼베를 고를 사람이라고 놀렸다. 스님은 웃으면서 청자 접시보다 앞에 놓인 작은 접시가 더 귀하다고 했다. 내 눈에는 자잘한 금이 수도 없이 많이 간 것이, 금방 깨질 것 같아 보이는 위태로운 접시일 뿐이었다. 원행 스님의 설명을 듣고 '아직 멀었구나!' 하는 생각이 들었다. 보잘 것 없어 보이는 접시는 송나라 때 가요哥窯에서 만든 것이라

태호석

고 한다. 가요 도자기는 송대를 대표하는 최고급 도자기 중 하나라고 한다.

접시는 깨지는 것을 방지하기 위해 테두리를 구리로 감쌌고 바닥에는 흐릿한 문양이 보였다. 원행 스님의 설명으로는 음각으로 용을 조각했는데, 유약이 두껍게 덮여 문양이 잘 안 보이는 것이라고 한다. 시가로 얼마나 되는지 여쭈었더니 즉답을 피했다. 많이 비싸지 않으면 "우리 하나씩 나눠 주세요." 하고 싶은데 눈치를 보아 하니 많이 비싼가 보다.

다양한 고완古玩들을 감상하다 보면 스님의 차실이 별천지처럼 느껴질 때가 있다. 차실 한쪽 조선 시대 책장 위에는 그림에서 금방 튀어 나온 것처럼 생긴 기묘한 돌이 있다. 태호석太湖石이라는 돌이다. 태호석은 태호太湖라는 호숫가에서 나오는 돌로 태호는 기암괴석이 많이 나오는 곳으로 유명하다. 크기가 큰 태호석은 정원에 조경석으로 사용하고, 크기가 작은 것들은 문인들이 서재에 두고 감상한다고 한다. 돌은 예로부터 장수를 상징하고, 변함없는 굳은 신념이나 의지를 상징하기도 한다고 한다.

명나라 산수화로 추정되는 그림 역시 감히 그 연대를 짐작할 수 없을 만큼 세월을 머금은 흔적이 역력했다. 큰 산봉우리를 뒤로하고 수풀이 우거진 강변에 아담한 집이 있으며, 산천 유람을 다녀오는 나귀를 탄 문인과 금琴을 들고 뒤를 따르는 동자의 모습이 정교하게 그려져 있다. 옛 사람들은 이런 그림을 보며 마음의 안정을 얻고 호연지기를 길렀다고 한다.

산수인물도 山水人物圖 _ 명나라

그림을 여행하다

두루마리로 된, 좌우로 길게 펼쳐지는 그림이 있다. 그 길이가 한눈에 들어오지 않을 정도로 길다. 이런 그림은 벽에 걸기 위해 그린 그림이 아니다. 그림을 보며 마음으로 자연을 유람하고 호연지기를 기르기 위해 그린 것이다. 이런 그림을 볼 때는 화탁畵卓을 사용한다. 화탁은 그림을 보기 위해 만든 높고 긴 탁자다. 그 탁자에 두루마리 그림의 한쪽을 고정시키고 나머지 부분을 천천히 펼치면서 그림 속으로 여행을 떠난다. 그림 속을 여행하다 보면 산중에 길이 생겼다 사라지기도 하고, 우뚝 솟은 바위가 눈앞에 나타나는가 하면, 안개 자욱한 골짜기가 펼쳐진다. 한 폭의 그림 속에 자연이 오롯이 들어 앉아 있다. 한눈에 들어오는 정지된 그림이 아니라 조금씩 그림을 펼치며 그 속으로 들어가서 그림 속을 산책하고, 마음으로 자연과 하나되는 고도의 경지를 즐긴다. 현실은 자연과 멀리 떨어져 있지만 그림을 통해서라도 자연 속에서 노닐고자 했던 옛 문인들의 마음이 엿보인다.

도강渡江

문점文點

靑山如故人 (청산여고인)

江水似美酒 (강수사미주)

今日重相逢 (금일중상봉)

把酒對良友 (파주대량우)

청산은 옛 친구와 같고

강물은 좋은 술과 같은데

오늘 다시 서로 만나니

술잔 잡고 좋은 벗과 마주하네.

소금학 강의

마지막 밥상은 봄의 향기로 가득했다. 쑥, 미나리, 감자, 오가피, 두릅, 취, 머위. 이름
을 입에 올리는 것만으로도 건강해지는 기분이 드는 자연의 보약들이다.

원행 스님은 모든 음식을 소금과 간장으로 간을 맞추었다. 특히 나물을 무칠 때
는 소금을 썼는데, 간장을 사용하면 나물의 향이 죽을 수 있기 때문이란다. 소금이
건강에 영향을 줄 수 있지 않느냐는 질문에 스님은 이렇게 이야기했다.

많은 현대인들은 소금을 건강의 적으로 여겨 저염식低鹽食을 선호한다. 어떤 가
정주부들은 조리할 때 소금을 쓰지 않기도 한다. 과연 소금이 건강에 나쁘기만 한
것일까? 모든 살아있는 동물에게 소금은 없어서는 안 되는 중요한 물질이다. 소금
을 많이 먹어서 생기는 병만큼이나 소금이 부족해서 생기는 질병도 많다. 적당한 소
금은 생존의 필수 요소이다. 문제는 어떤 소금을 먹느냐이다. 사람들은 염화나트륨
NaCl을 소금으로 알고 있다. 정확히 말하면 염화나트륨은 소금을 구성하는 물질 중
하나일 뿐이다. 천연 소금에는 염화나트륨 외에 다양한 미네랄이 결합되어 있다. 이
런 미네랄들은 사람 몸속에서 다양한 역할을 한다. 부족하면 건강을 해치기도 한다.
그러므로 좋은 소금을 적당히 먹는 것은 오히려 장수의 비결이 될 수도 있다. 소금
의 섭취량보다 더 중요한 것은 소금을 품질이다. 좋은 소금은 첫 맛은 짜지만 뒷맛

이 달고, 나쁜 소금은 첫맛은 짜고 뒷맛은 쓰다고 한다.

　옛날 밥상에는 '청장'이라는 맑은 간장을 담은 종지가 있었다. 사람들은 밥을 먹기 전에 먼저 청장을 살짝 찍어 입을 헹구었다고 한다. 간간한 청장으로 혀를 자극해 입맛을 돌게 하는 것이다. 좋은 소금이나 간장은 기본적으로 입맛을 돋운다. 공장에서 대량 생산하는 인스턴트 음식에 어떤 소금과 간장이 사용될까? 백세 시대를 맞이한 요즘, 오래도록 건강한 삶을 누리기 위해서는 올바른 식습관은 대단히 중요하다. 건강한 자극과 건강하지 않은 자극을 구별할 줄 아는 똑똑한 입맛을 가져야 할 것이다.

차 마시고 밥 먹는 일 – 그, 항다반사恒茶飯事를!

나는 매양 차를 마신다. 차를 마실 때 나는 행복하다.

돌아보니 처음에는 뭔지도 모르고 얼굴을 찡그리며 '차'라는 걸 마셨다. 그 차 맛을 조금 알게 되자 일천한 차력茶歷으로 이번에는 '차'를 좀 안다는 듯 마구 마셔 댔다. 마치 마시는 차의 양量이 무언가를 결정하는 것처럼. 나의 차 인생은 그렇게 시작됐다.

그렇게 차를 즐기다 보니 꽤 오랜 세월 차를 마시게 됐고 어느새 주변인들은 나를 '차인茶人'이라고 여기는 것 같다. 진정 부끄럽다. 그리고 고백하자면 정말 오래 마시기는 했지만 나와 내 가족의 음차일상飮茶日常에 뭔가 늘 부족한 갈증이 있었다.

그러던 차에 '차'와 '차 문화' 전반뿐만이 아니라 시서화詩書畵, 예술, 역사, 문화 일반에 걸쳐 많은 공부를 하셨고 사찰 음식에까지 능하신 원행 스님께서, 손수 만드신 음식과 함께 차를 마시며 체계적인 차 이야기를 하려는데 동참하겠느냐는 제의를 해 오셔서서 얼마나 감사했는지 모른다.

매월, 경기도 우리 집에서 청주(행정 구역은 세종시) 광제사까지 차를 몰아 오가며 차를 마시러 다니는 길은 결코 녹록하지 않았다. 그것도 일 년 오계一年五季 동안!

향기롭고 좋은 차, 눈이 호사하는 문화재급의 다구, 그날의 차와 시절에 어울리는 서화와 다화, 가끔 그날의 차에 맞춘 각양의 향, 그런 분위기에서 정성으로 우려 내시는 차의 깊은 맛, 가끔 옮겨 보는 차 자리, 가끔 초대의 청을 드린 귀한 차인, 항상 다담처럼 겸손하게 들려주시는 귀한 차 이야기, 거기에 스님의 솜씨로 준비하신 계절 음식!

차를 마시러 오간 거리는 수천 리였으나 내 평생 그런 차 자리는 처음이었고 잊을 수 없다. 차 마시고 밥 먹는 일이 그렇게 행복할 수가 있다니!

원행 스님 감사합니다. 그 차 자리 이야기가 책으로 나오다니, 조경희 선생 내외, 백옥희 작가, 조재범 사진작가도 고맙습니다.

2017년 10월

이계진

다반사 茶飯事

초판 1쇄 발행일 2017년 12월 22일

구수   원행
정리   백옥희
자료 조사   김수정
사진   조재범
디자인   류지혜

발행인   배정화
발행처   하루헌
          서울시 서초구 방배로 43길 5, 1-1208(06556)
          전화 02-591-0057
          이메일 haruhunbooks@gmail.com

· 잘못된 책은 구입하신 곳에서 교환해 드립니다.
· 가격은 뒤표지에 있습니다.
· ISBN   979-11-962611-0-8 13590
· CIP   2017034457